Micaela Köppel

Spiel und Spaß für jeden Tag

Micaela Köppel

Spiel und Spaß
für jeden Tag
Die Hundeschule

Impressum

Einbandgestaltung: Petra Pawletko
Titelbild: Micaela Köppel

Bildnachweis: Alisara/pixelio.de: S. 3; Matthias Balzer: S. 27; Arno Bachert/pixelio.de: S. 64 unten; Viola Decker/pixelio.de: S. 59; dieter/pixelio.de: S. 45 links; Enidan7/pixelio.de: S. 64 oben; Martina Goslar/pixelio.de: S. 68; M. Großmann/pixelio.de: S. 8, 46 rechts unten, 49, 93; Angelika Herda/pixelio.de: S. 51 rechts; Hoppe/pixelio.de: S. 74; Peter Kamp/pixelio.de: S. 21; Regina Kaute/pixelio.de: 17; Peter Keller/pixelio.de: S. 65; Mica Köppel: S. 5, 6, 9, 10, 11, 12, 13, 14, 15 links, 16, 18, 19, 20, 22, 23, 24, 25, 26, 27, 28, 29, 30, 31, 32, 33, 34, 35, 36, 37, 38, 40, 41, 42, 43, 44, 45 rechts, 46 links, 47 links unten, 48, 50, 52, 53, 54, 55, 57, 58, 60, 61, 62, 63, 67, 68, 69, 73, 76, 77, 78, 79, 80, 81, 82, 83, 84, 85, 86, 87, 89, 90, 91, 92, 94, 95, 96; Lysann Morgenstern/pixelio.de: S. 77; Klaus Steves/pixelio.de: S. 15 rechts, 51 links; Ulla Trampert/pixelio.de: S. 46 rechts oben; tutto62/pixelio.de: S. 7; Karin Wülfing/pixelio.de: S. 47 links oben; Claus Zewe/pixelio.de: S. 70

> Die in diesem Buch enthaltenen Hinweise und Ratschläge beruhen auf jahrelang gemachten Erfahrungen und gesammelten Erkenntnissen in praktischer und theoretischer Arbeit mit Hunden. Alle Angaben wurden gründlich geprüft. Eine Haftung der Autorin oder des Verlages und seiner Beauftragten für Personen-, Tier-, Sach- und Vermögensschäden ist ausgeschlossen.

ISBN 978-3-275-01732-4
Copyright © 2010 by Müller Rüschlikon Verlag
Postfach 103743, 70032 Stuttgart
Ein Unternehmen der Paul Pietsch Verlage GmbH & Co. KG
Lizenznehmer der Bucheli Verlags AG, Baarerstr. 43, CH-6304 Zug

1. Auflage 2010

> Sie finden uns im Internet unter **www.mueller-rueschlikon-verlag.de**

Nachdruck, auch einzelner Teile, ist verboten. Das Urheberrecht und sämtliche weiteren Rechte sind dem Verlag vorbehalten. Übersetzung, Speicherung, Vervielfältigung und Verbreitung, einschließlich Übernahme auf elektronische Datenträger wie CD-ROM, Bildplatte usw. sowie Einspeicherung in elektronische Medien wie Bildschirmtext, Internet usw. sind ohne vorherige schriftliche Genehmigung des Verlages unzulässig und strafbar.

Lektorat: Claudia König, Petra Krivy
Innengestaltung: Petra Pawletko
Druck und Bindung: KoKo Produktionsservice, 70900 Ostrava 9
Printed in Czech Republic

Inhalt

Einleitung	8
Eckpfeiler des Miteinanders	10
Bindung ist wichtig	11
Gehorsam muss sein	13
Motivation und Vertrauen	14
Bindung und Kommunikation	15
Belohnung	16
Regeln zum Umgang mit Belohnung	20

Die vier Grundkommandos für den Anfang	21
Hörzeichen »Hier«	22
Hörzeichen »Sitz«	23
Hörzeichen »Platz«	24
Hörzeichen »Fuß«	25

Spiel und Spannung in freier Natur	27
Der Abenteuer-Spaziergang	29
Outdoor-Agility	31
Apportieren	34
Abenteuer-Apportierspiele	37
Der Superschlachtruf	38
Konditionierung auf den Superschlachtruf	39
Unterschiedliche Jahreszeiten und verschiedene Örtlichkeiten	42
Mit dem Hund ins Gebirge	43
Wasser- und Strandspiele	45
Spiele im Schnee	49
Spiele im Regen	51
Nasenspiele	51
Spiele zur Gegenstandssuche	52
Spiele zur Personensuche	55
Wenn´s mal nicht gleich klappen will	56
Geruchsmemory	56
»Trimm dich« im Wald	57

Beschäftigungsideen für zu Hause	59
Clickern	60
Die Konditionierung auf das »Click-Geräusch«	61
»Click« heißt: Gut gemacht!	62
Erlernen neuer Übungen	62
Handlungen einfangen	62
Freies Formen	63
Clicker-Tipps	64

Kommando »Schade«	66
Übungsaufbau »Schade«	66
Haushaltshilfe Hund	68
Waschmaschine ein- und ausräumen	68
Jacke und Schuhe ausziehen	68
Aufräumen	68
PC oder Licht einschalten	68
Türen öffnen und zuschieben	69
Schubladen öffnen und schließen	69
Zudecken	70
Gegenstände unterscheiden und bringen lassen	70
Handy bringen lassen	71
Spielzeug aufräumen	71
Veranstaltungsort Wohnzimmer	72
Das sportliche Mensch-Hund-Team	74
Jogging mit dem Vierbeiner	75
Nordic-Walking mit Hund	77
Nordic-Skaten	78
Der Hund am Rad	79
Übungsaufbau	80
Sicherheit am Fahrrad	81
Longieren	83
Aufbau des Zirkels	84
Es geht los	84
Fliegender Richtungswechsel	85
Gangartwechsel	86
Kreiswechsel	87
Kombination mit Hörzeichen aus der Bewegung	87
Kombination mit Apportieren	88
Kombination mit Sprüngen	88
Kombination mit Tricks	88
Mit mehreren Hunden gleichzeitig longieren	88
Absperrung abbauen	88
Frisbee mit dem Hund	89
Los geht´s	90
Trainingstipps	92
Hund und Pferd	93
Schlusswort	96
Tipps zum Weiterlesen	96

Einleitung

Eine kleine Fellnase braucht nicht nur Futter, Spaziergänge und ärztliche Versorgung, sie will auch beschäftigt werden, dies je nach Rasse und Alter des Hundes unterschiedlich. Jede Rasse wurde für bestimmte Aufgaben gezüchtet: Hof- und Wachhunde, Hüte- und Treibhunde, Vorstehhunde, Wasserhunde und noch mehr.

Eine umfassende Information über die Wunschrasse ist vor der Anschaffung wichtig. Hundewahl ist Partnerwahl – es passt nicht jeder Hund zu jedem Menschen.

Ein Hund, der nur zum Knuddeln und Liebhaben angeschafft wird, entwickelt leicht ein Eigenleben. Ein Hundeleben, das nur aus Essen, Schlafen, Gestreicheltwerden und täglich Einmal-um-den-Häuserblock-Laufen besteht, ist langweilig und frustrierend. Die Wahrscheinlichkeit, dass ein so gehaltener Hund sich zu einem sogenannten Problemhund entwickelt, ist groß. Dabei ist nicht der Hund das Problem, sondern der Mensch, der die Bedürfnisse des Hundes nicht wahrgenommen hat.

Kein Hund hat es verdient, behandelt zu werden wie ein Mensch. Ein Hund ist ein Rudeltier, er benötigt eine klare Einordnung in seine soziale Gruppe und nimmt die damit verbundenen Aufgaben ernst. Wenn Sie Ihrem Hund seinen Platz mittels überlegter Konsequenz klar und verständlich aufzeigen, wird er es Ihnen mit

Jede Rasse hat spezielle Bedürfnisse, die es zu berücksichtigen gilt.

Einleitung

Folgebereitschaft und Zufriedenheit danken. Keine Sorge, ich möchte damit nicht zum Ausdruck bringen, dass Sie Ihren Vierbeiner nicht knuddeln und lieb haben dürfen. Ganz im Gegenteil: Dies sollte ein wesentlicher Bestandteil des Miteinanders sein.

In punkto Rudelführung und angeblichem Dominanzverhalten (heutzutage gern pauschal diagnostiziert, aber durchaus nicht immer zutreffend) sollten Sie einen wichtigen Satz im Hinterkopf behalten: »Wer bewegt wen?« Dies bedeutet so viel wie: Ihr Hund darf alles das, was Sie für gut erachten, aber er darf es nicht grundsätzlich selbst einfordern und gegen Ihren Willen durchzusetzen versuchen. Werden Sie zum Initiator. Zeigen Sie Ihrem Hund, was für tolle Möglichkeiten das Miteinander bietet. So wird er es nicht nötig haben, sich selbst »Jobs« zu suchen und ein Eigenleben zu entwickeln, sondern viel lieber mit Ihnen gemeinsam aktiv werden.

Ich möchte Ihnen mit diesem Buch einige Anregungen geben, wie Sie mit Ihrem Vierbeiner im Alltag Spaß haben können und gemeinsam eine glückliche Zeit verleben.

1 Eckpfeiler des Miteinanders

Eckpfeiler des Miteinanders

Bindung ist wichtig

Eine gute Mensch-Hund-Beziehung steht über allem. Nur ein Hund, der eine feste Bindung zu seinem Zweibeiner verspürt, wird jede gemeinsame Aktion, egal welcher Art, mit Begeisterung annehmen.

Zu einer guten Bindung gehört in erster Linie Vertrauen. Gerade bei jungen Hunden (Welpen oder Junghunden) kann man dies sehr schnell zerstören. Dabei ist es besonders in diesem Alter wichtig, Vertrauen aufzubauen. Der Hund soll wissen, dass er sich auf uns verlassen kann, dass wir für ihn da sind und dass wir gute, kompetente Leitfiguren für ihn sind.

So kann Bindung aufgebaut werden:

- Lassen Sie Ihren Hund so viel wie möglich an Ihrem Alltag teilhaben.

- Ermöglichen Sie viel Körperkontakt. Zeigen Sie Ihrem Hund spielerisch, dass es schön ist, ganz nah an Sie heranzukommen. Spielen Sie Spiele direkt an Ihrem Körper wie Zerrspiele durch die Beine. Dabei darf der Hund aber ausschließlich am Spielzeug zerren und auf gar keinen Fall an Ihren Händen oder Kleidungsstücken. Kugeln Sie sich mit dem Hund am Boden oder motivieren Sie ihn, auf Ihren Schoß zu kommen.

- Lassen Sie Ihren Vierbeiner ruhig auf Ihrem Bauch oder ans Bein gekuschelt schlafen. Wenn Sie nicht wollen, dass er auf Ihr Sofa geht, legen Sie sich eben zu ihm auf den Boden.

- Pflegen Sie ein positives und leises Miteinander, blicken Sie ihn dabei freundlich an. Ihr Gesicht soll zum wichtigsten Orientierungspunkt für Ihren Hund werden. Er kann aus Ihrem Gesicht unzählig viele Informationen ablesen.

- Lassen Sie schlechte Laune nicht an Ihrem Hund aus. Wenn Sie schlecht aufgelegt sind, sollten Sie auch nicht mit dem Hund trainieren. Lieber lassen Sie die Trainingseinheit einmal ausfallen. Ihre Fellnase wird dafür Verständnis haben.

- Bleiben Sie Ihrem Hund gegenüber immer konsequent auf einer Linie, was Regeln und Verbote betrifft. Ein Hund kennt nur ja oder nein, aber niemals ein vielleicht oder manchmal!

Hunde brauchen klare Regeln und eine eindeutige Kommunikation.

Eckpfeiler des Miteinanders

- Ungerechtes Verhalten ihrerseits zerstört das Vertrauen des Hundes, er muss auf Ihre Zuverlässigkeit zählen können!

- Spielen Sie täglich mehrmals mit ihm und denken Sie sich immer neue Spiele aus, die ihn auch fordern.

- Versteckspiele sind besser als Wurfspiele. Durch ein Wurfspiel reduzieren Sie sich ganz schnell auf eine Wurfmaschine, das Objekt seiner Begierde fliegt immer von Ihnen davon!

- Stellen Sie an Ihren Hund keine Anforderungen, die er nicht schaffen kann. Der Weg ist das Ziel. Oftmals muss der Vierbeiner in kleinen Schritten erst einmal gezeigt bekommen, was Sie gerade von ihm wollen, um es dann verstehen zu können. Für Aufgaben, die er gemeistert hat, loben Sie ihn überschwänglich. Zeigen Sie ihm, wie stolz Sie auf seine Leistung sind, wenn es ihm zum Beispiel gelungen ist, auf einem Baumstamm zu balancieren oder er sich getraut hat, durch ein Rohr zu kriechen.

Für tolle Leistungen darf der Hund ein überschwängliches Lob erwarten.

Gehorsam muss sein

Für viele Hunde (und auch Hundebesitzer) ist das Thema Gehorsam bereits zu einem leidigen Problem geworden. Das ist sehr schade, denn auch Gehorsamkeitstraining kann durchaus Spaß machen – wenn man es richtig anstellt! Wichtig dabei ist die positive Haltung und Ausstrahlung. Auch hierbei macht der Ton die Musik. Wenn Sie Ihrem Hund Kommandos immer nur in der Lautstärke und Entschiedenheit eines Feldmarschalls entgegenbrüllen, dabei noch gebückt herumlaufen und Ihnen am Körper wie im Gesicht anzusehen ist, wie schrecklich Sie selber das Ganze finden, können Sie nicht von Ihrem Hund erwarten, dass dieser mit Begeisterung bei der Sache ist.

Eine helle Tonlage bei den Kommandos, eine offene, aufrechte Körperhaltung und Ihren Vierbeiner immer mal wieder überraschen, sei es mit einer besonderen Belohnung, einem tollen Spiel oder mit einer ganz neuen Übung, all das führt zu einer freudigen Arbeit miteinander.

Ein freundliches Miteinander ist die beste Arbeitsgrundlage.

Motivation und Vertrauen

In dem Begriff Motivation steckt das Wort Motiv. Ein Motiv ist der Ansporn, um etwas zu tun. Das Motiv kann ganz unterschiedlicher Natur sein. Für viele Hunde ist Futter ein Motiv, um sich zu bemühen. Für andere dagegen ist Spielzeug ein größerer Anreiz. Natürlich können zusätzlich auch Ihre Stimme, Ihre Körperhaltung und Ihre Persönlichkeit sehr motivierend sein.

Wichtig ist, dass Sie Ihre Belohnung immer variabel gestalten. Das bedeutet, der Hund soll weder den Zeitpunkt, noch die Art der Belohnung im Voraus kennen. Je mehr Sie Ihren Hund überraschen, umso interessanter sind Sie für ihn. Der richtige Zeitpunkt von Belohnung bzw. Korrektur entscheidet über Erfolg oder Misserfolg in der Hundeerziehung. Sie müssen innerhalb von maximal zwei Sekunden reagieren, damit der Hund Sie versteht. Es ist nicht so, dass Hunde sich Ereignisse oder Ähnliches nur zwei Sekunden lang merken können, aber es liegt in der Natur des Hundes, dass er immer nur die Dinge miteinander verknüpfen kann, die fast zeitgleich passieren.

Für manche Hunde ist Spielzeug ein hoher Motivationsfaktor, für andere wiederum gar keiner.

Eckpfeiler des Miteinanders

Hundebesitzer müssen sich mit hundlicher Körpersprache auseinandersetzen, um Missverständnisse zu vermeiden. Signale wie z.B. eine Spielaufforderung wird bereits von Welpen genauso gezeigt wie von erwachsenen Hunden.

Bindung und Kommunikation

Eine enge Bindung entsteht nur durch Vertrauen. Vertrauen bekommt man nicht geschenkt, es muss erworben werden. Das geht nur, indem man seinen Hund über positive Motivation und konsequentes Verhalten ausbildet. Ihr Vierbeiner muss lernen dürfen, dass er sich jederzeit auf Sie verlassen kann.

Ein weiterer wichtiger Eckpfeiler (neben der Lerntheorie) in der Erziehung des Hundes ist die Kommunikation. Der Hund bedient sich überwiegend der Körpersprache, um Informationen auszutauschen. Hunde erkennen daher Körpersignale viel leichter als verbale Signale. Eine erfolgreiche Kommunikation ist nicht einfach.

Wir Menschen sind uns oft nicht bewusst, wie unsere Körpersprache auf den Hund wirkt. Allein schon durch unsere Größe können wir bedrohlich auf ihn wirken. Es entstehen auch viele Missverständnisse durch gegenseitige Fehlinterpretationen. Wir Menschen können uns untereinander fragen, ob wir alles richtig verstanden haben oder nicht. Der Hund jedoch kann nur durch sein Verhalten zeigen, ob die Botschaft für ihn eindeutig war. Daher ist es wichtig, dass der Besitzer die Körpersprache (das Ausdrucksverhalten) des Hundes zu »lesen« oder, anders ausgedrückt, die Signale des Hundes für sich zu übersetzen lernt. Hat der Mensch verstanden, gilt es angepasst zu reagieren.

Eckpfeiler des Miteinanders

Belohnung

Erstaunlicherweise scheiden sich noch immer die Geister, wenn es darum geht: Futterbelohnung als Motivation – ja oder nein? Einige Hundehalter sind entrüstet, wenn sie sehen, dass in unseren Übungsgruppen die Hunde häufig mit Futter belohnt werden, so als sei das etwas Unmoralisches oder gar Gefährliches. Bei richtiger Anwendung ist Futter ein wirklich toller Motivationsfaktor. Selbstverständlich nicht der Einzige!

Immer wieder höre ich von meinen Kunden: »Mein Hund soll es für mich tun, nicht wegen der Leckerchen.« Wenn Sie so denken, fragen Sie sich doch mal Folgendes: Warum sollte Ihr Hund eigentlich jederzeit, ohne zu zögern auf Ihren Ruf hin kommen, obwohl er doch viel lieber mit seinen Hundefreunden spielen oder einer interessanten Spur nachschnüffeln möchte? Etwa, weil er Sie so liebt oder aus Dankbarkeit, weil er es bei Ihnen doch so gut hat? Ihr Hund ist ein Tier und hat als solches keinerlei Begriff von »Pflichtgefühl«, »Dankbarkeit« und Ähnlichem. Er wird nicht auf seine innigsten Bedürfnisse oder auch normalen Verhaltensweisen verzichten, um stattdessen Ihren Kommandos zu gehorchen.

Ein Hund kennt nur zwei Gründe, um zu gehorchen. Entweder tut er es, weil er weiß, dass er dadurch Unannehmlichkeiten vermeiden kann oder weil er erwarten darf, dass er dafür etwas Angenehmes bekommen wird. Nun ist die Frage, was Ihnen lieber ist: Ein Hund, der freudig motiviert mit Ihnen arbeitet oder einer, dessen einziges Motiv es ist, Unannehmlichkeiten zu vermeiden.

Immer wieder höre ich auch den Satz: »Futter oder Spielzeug brauche ich nicht. Streicheln und Gelobtwerden genügt meinem Hund

»Beute machen« liegt dem Hund in der Natur.

Eckpfeiler des Miteinanders

als Belohnung!« Sind Sie sich da sicher? Dann hätten Sie viel Glück, dass Sie einen so genügsamen, leicht erziehbaren Hund erwischt haben. Dies erscheint mir jedoch ungewöhnlich. Meist ist genau das Gegenteil der Fall. Für viele Hunde sind Streicheln, Knuddeln und enger Körperkontakt während des konzentrierten Arbeitens nicht wirklich eine attraktive Belohnung. Beachten Sie mal genau die Reaktionen Ihres Hundes, wenn Sie ihn lobend nach erfüllter Aufgabe anfassen. Verzieht er da nicht das Gesicht, leckt sich über die Schnauze, legt die Ohren zurück und drückt mit dem ganzen Körper aus, dass er sich lieber von Ihnen entfernen würde? Oder schüttelt er sich danach? Der Mensch glaubt also, mit Streicheln hat er seinen Hund belohnt, der Hund aber ist eher genervt als erfreut. Und das, obwohl derselbe Hund sich vielleicht abends beim Fernsehen durchaus mit Begeisterung knuddeln lässt.

Oftmals arbeiten gerade die Menschen, die glauben, Streicheln allein wäre Belohnung genug, häufig mit sehr viel Zwang und Druck. Ebenso ist Loben mit heller Stimme für den Hund durchaus positiv, doch als einzige Belohnung beispielsweise für gehorsames Verhalten nicht genug. Lobworte erfüllen in der Ausbildung hauptsächlich zwei Funktionen: 1. Der Hund hat gelernt, dass es eine »handfeste« Belohnung ankündigt wie Futter, Spiel, fröhliches Herumtoben mit dem Menschen usw.
2. Er hat die Erfahrung gemacht, dass er in dem Moment, in dem er gelobt wird, keine Angst vor Strafe haben muss und »freut« sich deshalb darüber.

Eine handfeste Belohnung nimmt jeder Hund gerne an.

Eckpfeiler des Miteinanders

»Leckerchen brauche ich nicht, denn mein Hund gehorcht, weil ich der Boss bin!« – Ob Boss oder nicht, spielt in diesem Zusammenhang überhaupt keine Rolle. Das, was Sie von Ihrem Hund wollen, hat in den meisten Fällen gar keine Berührungspunkte mit der Rangordnung in einem Rudel. Ein Alphawolf würde seinen Rudelmitgliedern doch nie verbieten zu jagen oder sich im Mist zu wälzen. Er würde auch nicht von ihnen verlangen, sich abzusetzen und dort so lange sitzen zu bleiben, bis er sie wieder zu sich ruft, oder exakt bei Fuß zu gehen. Deshalb ist es äußerst fragwürdig, den Gehorsam auf Kommandos wie »Sitz« oder »Komm« mit dem Rangverhältnis zwischen Mensch und Hund in Verbindung zu setzen.

Finden Sie heraus, ob Ihr Hund eher der Spielzeug-Typ oder der Leckerchen-Gourmet ist.

»Leckerchen sind Bestechung, aber Spiel als Belohnung ist okay.« Interessanterweise halten Leute, die diese Meinung vertreten, immer Rassen mit viel Spiel- und Beutetrieb. Obwohl es pragmatische Unterschiede in der Handhabung gibt (Futter ist in der Regel leichter zu »verabreichen« als Spiel), ist es natürlich egal, was als Belohnung eingesetzt wird. Wichtig ist vor allem, dass es für den Hund einen hohen Stellenwert hat, denn sonst ist es keine echte Belohnung und somit auch nicht effektiv. Wenn man einen Hund hat, der gerne spielt, ist für diesen Hund die ultimative Belohnung das Spiel. Allerdings unterbricht man mit einem Spiel das Training für doch relativ lange Zeit. Hunde, die sehr schnell in einen Trieb fallen, können danach auch nicht mehr wirklich gut denken. Gehen Sie deshalb mit dem Spiel als Belohnung wirklich sorgsam um und achten Sie auf die richtige Dosierung. Wenn man einen Hund hat, der eher auf Futter »steht«, ist das ebenso in Ordnung. Warum sollte man beim Training auf das universelle Hauptmotivationsmittel verzichten und ihm sein Futter gratis geben, statt damit etwas Nutzbringendes anzufangen?

»Dann gehorcht der Hund doch nur, solange ich Futter in der Hand (in der Tasche) habe.« Dazu kann es tatsächlich leicht kommen, wenn man Futter zu oft oder zu lange als Lockmittel benutzt. Mit Futter in der Hand sollten Sie nur ganz zu Beginn einer Übung arbeiten, solange Sie dem Hund eben noch vermitteln, worum es jeweils geht. Führt man den Hund mit Futter in der Hand »an der Nase herum«, so lernt er an sich noch nicht viel, außer eben dem Objekt der Begierde zu folgen. Denn für ihn sind es zwei ganz verschiedene Dinge, ob mit oder ohne Futter in der Hand geübt wird. Den Übergang muss er erst lernen, und solange das nicht erfolgt ist, ist die Ausbildung noch nicht abgeschlossen. Das aber machen sich viele Hundehalter zu wenig bewusst. Sie lassen anfangs den Hund mit einem Leckerchen als Lockmittel »Bei Fuß« gehen. Nach einiger Zeit glauben sie, der Hund hätte nun gelernt, was »Bei Fuß« bedeutet. Sie lassen das Leckerchen plötzlich weg und stellen dann enttäuscht fest, dass ihr Hund auf einmal gar nicht mehr oder nur noch sehr mangelhaft »gehorcht«. Das ruft den falschen Eindruck hervor, dass man mit Leckerchen als Hilfsmittel im Hundetraining nur Halbheiten erreichen könne.

Der Hund muss lernen, dass es egal ist, wo die Leckerchen sind, und dass er sie nicht bekommt, weil man sie zufällig in der Hand oder in der Tasche hatte, sondern weil er etwas gut gemacht hat. Und erst, wenn das gegeben ist, kann man wirklich vernünftig mit Futterbelohnung arbeiten. Wenn man dem Hund etwas Neues beibringt ist es wichtig und richtig, ihm zu Anfang für jede erfolgreiche Ausführung eine Belohnung zu geben. Denn so begreift er die Zusammenhänge am schnellsten. Sobald dieser Schritt gelungen ist, kann und sollte nur noch hin und wieder gelobt und Leckerchen gegeben werden. Auf diese kleine Enttäuschung reagieren zwar manche Hunde anfänglich etwas »deprimiert« und entmutigt (bei ihnen muss das Reduzieren der Leckerchen sehr behutsam erfolgen), die meisten jedoch arbeiten sofort noch eifriger, nach dem Motto: »Das verstehe ich nicht! Es hat doch bisher immer geklappt! Ich versuche es am besten gleich noch einmal!«

Es gibt tatsächlich auch grobe Fehler beim Arbeiten mit Futter. Einer der schlimmsten Fehler ist es, sich vom Hund »erpressen« zu lassen.

Spiel mit Artgenossen ist für fast jeden Hund die schönste Belohnung.

Dies erlebe ich täglich in meiner Hundeschule: Die Hundebesitzer geben ihrem Vierbeiner ein Kommando, der Hund stellt sich dumm, taub oder stur. Und was passiert? Der Zweibeiner greift zum Futter und bringt seinen Hund damit in die gewünschte Position! Der Hund lernt, Sturheit zahlt sich aus!

Der zweite häufige Fehler, den Hundebesitzer machen, ist, dass sie korrigiertes Verhalten belohnen. Ein Beispiel: Ihre Fellnase soll lernen, sitzen zu bleiben, wenn Sie das Kommando »Sitz« gegeben haben. Ihr Vierbeiner steht kurz daraufhin wieder auf. Natürlich müssen Sie ihn korrigieren und ihn an der Stelle erneut absetzen, an der Sie das Kommando abverlangt haben. Würden Sie nun bei dieser Korrektur dem Hund wieder etwas »schenken«, wird er sehr schnell lernen, dass es sich lohnt aufzustehen, da er ja für das Sich-wieder-Hinsetzen belohnt wird.

Inniger Körperkontakt zwischen Mensch und Hund wird nicht von jedem Hund gleichermaßen geschätzt und genossen.

Regeln zum Umgang mit Belohnung:

- Lassen Sie sich niemals »erpressen«. Haben Sie von Ihrem Hund etwas verlangt, dann setzen Sie es auch durch.

- Belohnen Sie niemals Korrektur.

- Variabel belohnen heißt: Sie überraschen Ihren Hund mit dem Zeitpunkt, der Art der Belohnung und mit dem Ort, an dem die Belohnung erfolgt.

- Ziehen Sie die Futter-Belohnung von der täglichen Futterration ab.

- Vermitteln Sie Ihrem Hund, dass er das Futter sanft aus Ihrer Hand zu nehmen hat.

- Ignorieren Sie Betteln und aufdringliches Verhalten mit absoluter Konsequenz.

- Benutzen Sie Futter zum Locken nur ganz zu Beginn der Übung.

- Bei neuen Übungen müssen Sie anfangs jeden kleinen Schritt belohnen.

- Je besser Ihr Hund wird, desto mehr können Sie auch verlangen, bevor Sie belohnen.

- Konditionieren Sie Ihren Hund auf den Clicker, so können Sie ideal kommunizieren und motivieren, ohne Futter in der Hand halten zu müssen.

- Leckerchen bzw. Spielzeug nicht immer an der gleichen Stelle aufbewahren.

- Das Belohnungs-Spielzeug dem Hund nicht alleine überlassen, am Ende sollten immer Sie die Trophäe haben.

- Futterbelohnungen sollten attraktiv, klein und nicht krümelig sein.

2 Die vier Grundkommandos für den Anfang

- *Hier*
- *Sitz*
- *Platz*
- *Fuß*

Die vier Grundkommandos für den Anfang

Hier, Sitz, Platz, Fuß

Diese vier Hörzeichen sollten Sie nicht anders benennen. Haben Sie sich zum Ziel gesetzt, irgendwann einmal (frühestens, wenn der Hund 15 Monate alt ist) die Begleithundeprüfung zu absolvieren, dann müssen Sie genau mit diesen Kommandos arbeiten. Dem Hund wäre es selbstverständlich egal, und er würde auch ein Hörzeichen wie »Kartoffelbrei« umsetzen, wenn Sie ihm vermittelt hätten, was es bedeutet. Aber da das Kommando »Kartoffelbrei« bei der Prüfung nicht eingesetzt werden darf, ist es sinnvoll, Ihren Hund gleich mit den »vorgeschriebenen« Hörzeichen zu erziehen.

Bevor Sie mit dem Training für den Grundgehorsam beginnen, nehmen Sie sich die Zeit für richtige »Fun-Übungen« zur Bindungsförderung. Wenn Ihr Hund begeistert mit Ihnen zusammenarbeitet und Sie herausgefunden haben, wie Ihre Fellnase am besten motiviert werden kann, wird das tägliche Training für beide zum richtigen Vergnügen! Und dabei entscheidet der Hund, welche Art der Belohnung er am liebsten mag!

Hörzeichen »Hier«:

Bei dem Hörzeichen »Hier« soll ihr Vierbeiner nicht nur kommen, um sich dann gleich wieder aus dem Staub zu machen. Wenn Gefahr im Verzug ist, nutzt das reichlich wenig. Bei dem Kommando »Hier« soll Ihr Hund freudig herankommen, sich genau vor Sie hinsetzen und mit Blickkontakt zu Herrchen oder Frauchen gespannt darauf warten, was als Nächstes verlangt wird.

Damit der Hund lernt, diese Übung zuverlässig und freudig auszuführen, sollten Sie gerade diese Übung auch sehr positiv besetzt und spannend gestalten. Üben Sie dies zuhause und beim Spaziergang und zwar anfangs mit einem angeleinten Hund. Die lange Leine hängt durch, und Sie beginnen plötzlich, sich rückwärts von Ihrem Hund zu entfernen. Dabei geben Sie in heller Tonlage das Hörzeichen »Hier«. Da Ihr Hund angeleint ist, kann er ja ohnehin nur auf Sie zukommen. Mit Futter in der Hand empfangen Sie lobend Ihren Hund.

Hunde würden sich selbst wohl ständig clicken, um sich zu belohnen.

Die vier Grundkommandos für den Anfang

Indem Sie das Futter leicht nach oben zu sich hinziehen, wird sich Ihr Freund auch gleich vor Sie hinsetzen. Genau in dieser Position wird er ausgiebig belohnt. Denken Sie aber daran: ein Lob sollte niemals zeitgleich ein Auflöse-Kommando sein. Trotz Lob sollte der Hund die Position halten. Loben Sie ihn deshalb nicht zu stürmisch.

Benutzen Sie ein Auflöse-Kommando, damit der Hund weiß, jetzt ist die Übung beendet. Ich gebe das Hörzeichen »Lauf«. Dies bedeutet nicht, dass meine Hunde nun laufen müssen, sondern sie wissen, dass sie nun die Position verlassen dürfen, da die Übung beendet ist.

Hörzeichen »Sitz«

Schon die meisten Welpen beherrschen dieses Hörzeichen, das viele Hundeführer ihren Fellnasen mit erhobenem Zeigefinger beibringen. Dieser Zeigefinger dient hierbei nicht zum Tadeln, sondern als Sichtzeichen. Wenn Sie diese Übungen draußen unter Ablenkung trainieren, sollte es anfangs nicht zu schwer sein. Das Hinsetzen ist dabei nicht die Kunst, sondern das Sitzenbleiben. Damit Ihr Vierbeiner aber gleich lernt, das Kommando zu halten, sollten Sie genau dies üben. Sie geben Ihrem Hund das Kommando »Sitz«, drehen sich kurz um und kommen sofort wieder zurück. Hat der Hund die Position gehalten, wird er in dieser Position gelobt (nicht zu emotional, da dies den Hund zum Aufstehen verleiten würde). Das Hörzeichen »Bleib« brauchen Sie beim Weggehen nicht zu sagen, da Sie Ihrem Hund ja bereits gesagt haben, dass er sitzen soll. Bei einer Prüfung dürften Sie »Bleib« auch nicht sagen, da dies ein Doppelkommando wäre! »Bleib« sage ich zu meinen Fellnasen immer nur dann, wenn ich noch kein weiteres Kommando gegeben habe und mir die Position des Hundes egal ist, z. B. wenn ich in den Keller gehe und dies nicht mit vierbeinigen Begleitern tun möchte.

Steigern Sie die Übung »Sitz« und »Position halten« ganz langsam, indem Sie bei jedem Üben ein kleines bisschen weiter weggehen

Positionen müssen gehalten werden, bis der Mensch sie aufhebt.

Die vier Grundkommandos für den Anfang

und ihn die Position ganz allmählich immer länger halten lassen. Wenn Ihr Hund die Position verlässt, ist es wichtig, dass er sofort ein Feedback von Ihnen bekommt (oh, oh oder schade) und von Ihnen korrigiert wird. Denken Sie daran, dass Sie niemals die Korrektur belohnen dürfen. Ihr Hund hätte sonst keinen Anreiz, es richtig zu machen, denn die Korrektur wäre ja viel lohnenswerter.

Belohnt wird die korrekte Ausführung eines Kommandos, nicht die Korrektur.

Hörzeichen »Platz«

Zu Beginn sind Sie direkt bei Ihrem Hund und führen ihn mit der flachen Hand in Richtung Boden (die zum Boden gerichtete Handfläche ist das Sichtzeichen für »Platz«). In dem Moment, indem sich Ihr Vierbeiner legt, sagen Sie das Hörzeichen »Platz« und belohnen ihn in liegender Position. Auch hier sollten Sie gleich wieder üben, dass Ihr Hund das Kommando auch hält. Wie beim »Sitz« entfernen Sie sich in kleinen Schritten immer weiter und länger von Ihrem Vierbeiner weg. Denken Sie dabei daran, dass Sie zum Belohnen mit dem Futter von vorne, nicht von oben, kommen müssen, da sich der Hund sonst aufsetzt, was auf keinen Fall belohnt werden darf. Der Hund muss wieder in die Platzposition gebracht werden und Sie wiederholen die Übung. Die Belohnungsposition soll immer die Lobposition (bzw. Clickerposition) sein. Zusätzlich können Sie das Abliegen mit einem Welpen auch gleich üben, indem Sie es benennen und loben, wenn er sich selbst hinlegt. Vergessen Sie aber auch hier das Auflösen nicht! Wenn all dies gut funktioniert, steigern Sie die Anforderung, indem Sie Distanz zu Ihrem Hund aufbauen. Hierfür können Sie beispielsweise einem zweibeinigen Helfer die Leine Ihres Hundes in die Hand geben. Der Helfer sorgt nur dafür, dass der Hund an Ort und Stelle bleibt. Jetzt geben Sie das Hörzeichen »Platz« mit einer gewissen Distanz und mit deutlicher Körpersprache (dies hilft Ihrem vierbeinigen Freund bei der Umsetzung). Hat Ihr Hund sich abgelegt, gehen Sie sofort zu ihm hin und belohnen ihn in der liegenden Position.

Die Stopp-Wirkung durch »Platz!« ist gerade für den herumtobenden oder jagenden Hund

Die vier Grundkommandos für den Anfang

in unserem dicht besiedelten Lebensraum und den vielen Straßen lebenswichtig! Platz soll eine Art »Notfallsignal« sein, das in jedem Moment sofort und korrekt ausgeführt wird. Dies ist natürlich nicht so einfach, wie es sich anhört. Je freudiger und häufiger Sie »Platz« trainieren, umso sicherer wird Ihr Vierbeiner dabei werden.

Zuverlässiges Befolgen des »Platz«-Kommandos kann Leben retten.

Hörzeichen »Fuß«

Dies ist wohl die schwierigste der vier Übungen. Bei dem Kommando »Fuß« soll Ihr Hund auf Ihrer linken Seite direkt an Ihrem Bein laufen und Sie dabei möglichst aufmerksam ansehen. Bei Fuß zu laufen ist für Hunde aus mehreren Gründen so schwierig: zum einen, weil wir viel langsamer gehen als sie. Ein Hund bewegt sich, wenn er frei läuft, meistens in einem entspannten Trab. An unserem Bein muss er allerdings Schritt gehen. Dazu kommt, dass der Hund sich bei dieser Übung sehr lange konzentrieren muss. Und das, obwohl alles Andere viel interessanter für ihn ist. Alles riecht so lecker, Dinge bewegen sich, und es gäbe so viel zu erschnüffeln und zu erleben. Jetzt kommt es sehr darauf an, wie Sie Ihrem Hund das »Fuß«-Laufen beibringen. Tun Sie dies in einem langweiligen Ton und eventuell auch noch mit einem ständigen Rucken an der Leine, können Sie nicht erwarten, dass Ihr Hund irgendwann eine Begeisterung fürs »Fuß«-Laufen entwickelt. Vermitteln Sie Ihrem Vierbeiner daher doch erst einmal, dass die Position an Ihrem Bein eine wahre Wohlfühlzone ist. Stellen Sie sich einfach hin und lassen Sie den Hund neben sich sitzen. Nun rutschen Sie ganz dicht an ihn heran, bis zwischen Ihnen und Ihrem Freund ein enger Körperanschluss besteht. Clicken (Erklärung dazu auf Seite 60) und belohnen Sie Ihren Hund nun genau in dieser Position. Noch bevor Sie beginnen, mit Ihrem Hund loszulaufen, sollte er die Position an Ihrem Bein und den engen Körperkontakt sehr gerne haben. Erst dann fangen Sie damit an, einige Schritte zu laufen. Clicken und belohnen Sie jeden Moment, den Ihr Hund den Körperkontakt hält und Sie aufmerksam anschaut. Eine perfekte Fußarbeit erreichen Sie, wenn Ihr

Perfektes »Fuß«-Gehen gelingt einfacher, wenn der Hund dies spannend findet und sich seiner Belohnung sicher ist.

Vierbeiner das »Fuß«-Laufen spannend findet und weiß, dass er sich hierbei sehr viel Lob und Belohnung verdienen kann.

Viel wichtiger als das korrekte »Fuß«-Laufen ist im Alltag aber das Laufen an der lockeren Leine. Ihr Hund sollte von Anfang an lernen, dass Ziehen an der Leine tabu ist und immer genau zu dem Resultat führt, das er nicht haben möchte: es geht nicht weiter voran. Alle meine Hunde haben dies einwandfrei erlernt, indem ich absolut konsequent immer ein paar Schritte rückwärts gehe, sobald Zug auf der Leine ist. Nach einigen Schritten rückwärts und erst, wenn die Leine wieder entspannt ist, gehe ich weiter. Dies ist gerade in der Sturm-und-Drang-Zeit des Junghundes manchmal recht mühselig. Aber es zahlt sich aus, wenn es konsequent durchgehalten wird.

Bringt der Hund Zug auf die Leine, geht der Mensch einige Schritte zurück, damit es mit lockerer Leine weitergehen kann.

Spiel und Spannung in freier Natur

Entdecken Sie mit Ihrem Hund die Beschäftigungsmöglichkeiten in der freien Natur.

Damit der Spaziergang für Ihren vierbeinigen Freund spannend und interessant ist, sollten Sie nicht immer nur nebeneinander herlaufen, sonst wird sich der Hund eigenständig allem Interessanten zuwenden und Ihnen nur noch wenig Aufmerksamkeit schenken. Er kennt Sie in- und auswendig. Im Vergleich zu der spannenden Umwelt sind Sie für ihn dann nur noch langweilig. Ganz anders aber, wenn Sie die Umwelt mit ihm gemeinsam entdecken, Sie ihm aufregende Aufgaben stellen.

Mindestens so wichtig wie das Spielen mit anderen Hunden, ist das Spielen mit dem »eigenen« Menschen. Welpen lernen so, zu wem sie gehören. Bereits mit einem ganz kleinen Welpen spiele ich auch draußen, um ihm selbst bei großer Ablenkung zu vermitteln, dass ich interessanter für ihn bin als seine Umgebung. Der Welpe lernt dabei, dass es Spaß macht, zu »seinem« Menschen zu gehören. Denken Sie aber daran, dass ein Welpe die Beißhemmung erst erlernen muss. Das bedeutet, der kleine Vierbeiner soll von Anfang an konsequent gezeigt bekommen, dass alles an Ihnen (also Arme, Beine, natürlich Ihr Gesicht und auch Ihre Kleidung) für ihn tabu ist. Wenn die kleine Fellnase an Ihnen knabbert, brechen Sie das Spiel sofort mit einem Jammern ab und ignorieren Sie ihn. So wird er lernen, dass es in jedem Spiel auch Regeln gibt, an die man sich halten muss.

Jagdspiele sind besonders wichtig für temperamentvolle, schnelle Hunde, deren Jagdtrieb durch solche Jagdersatz-Spiele in gesellschaftlich akzeptierte Bahnen gelenkt werden kann. Bei Jagdspielen zeigen Hunde ihr Können. Frisbee fangende und nach Bällen jagende Hunde sind für viele Menschen ein schöner Anblick. Aber es geht um mehr: Jagen, Fangen, Beute machen sind die Grundelemente aller Bewegungsspiele, die sich aus dem Jagdverhalten der Wölfe ableiten. Achten Sie beim Spiel mit Bällen, Frisbee-Scheiben und dergleichen unbedingt auf die Gesundheit Ihres Vierbeiners. Übertreiben Sie es nicht.

Bewegungsspiele leiten sich aus dem Jagdverhalten ab.

Spiel und Spannung in freier Natur

Der Abenteuer-Spaziergang

Gemeinsames Balancieren benötigt ein gutes Körpergefühl.

Bereits den einfachen Spaziergang können Sie für sich und Ihren Hund zum »Abenteuer« werden lassen. Stellen Sie Ihrem Hund unterwegs immer wieder kleine Aufgaben oder animieren Sie ihn zu verschiedenen Spielchen, die den Vierbeiner auch geistig fordern. Lassen Sie spontan und unerwartet mal ein Spielzeug fallen, veranstalten Sie Wettrennen, verstecken Sie Leckerli oder auch mal sich selbst und lassen Sie den Hund suchen! Am Wegesrand liegende Baumstämme eignen sich zum Drüberspringen oder vielleicht sogar zum Balancieren.

Zerrspiele und Verfolgungsjagden gehören zum normalen Verhaltensrepertoire des Hundes. Gönnen Sie Ihrem kleinen Wolf die Freude, aber behalten Sie die Kontrolle. Gemeinsames Zerren an einem Gegenstand macht wirklich Spaß, aber Sie entscheiden, wann Ihr Vierbeiner den Gegenstand an Sie abgeben muss. Machen Sie dies nicht nur am Ende eines Spiels, sondern auch immer wieder zwischendurch. Wenn Ihr Vierbeiner glaubt, immer bei dem Hörzeichen »Aus« wäre das Spiel beendet, wird er nach und nach immer weniger bereitwillig das »Spielzeug« abgeben.

Hunde lieben Zerrspiele! Doch der Mensch sollte die Kontrolle behalten.

Spiel und Spannung in freier Natur

Energiegeladenen Hunden, die keinen Artgenossen zum Spielen haben, können Sie mit gezieltem Spielen das Abreagieren der überschüssigen Kraft ermöglichen. Einige Minuten Zerrspielen bringt auch den temperamentvollsten Hund aus der Puste. Lassen Sie Ihren Hund zwischendurch auch mal gewinnen, damit er die Freude am Zerrspiel behält. Bedenken Sie allerdings, dass sich Ihr Vierbeiner dabei natürlich mächtig stark vorkommen wird. Tendiert Ihr Hund dazu, bestimmen zu wollen, wo es lang geht, sind Sie besser beraten, den Hund nicht gewinnen zu lassen. Wenn zwischen Ihnen und Ihrer Fellnase aber alles geklärt ist, gönnen Sie ihm den Spaß, seinen Sieg durch rasende »Flucht«, kräftiges Totschütteln oder geräuschvolles Hochwerfen der Beute zu genießen. Nach einer Pause geben Sie ihm ein »Aus« und nehmen das Spielzeug wieder an sich.

Sinnvoll sind solche Mensch-Hund-Zerrspiele nicht nur, um bei aufgeladenen Energiebolzen ein bisschen Kraft abzulassen, sondern auch zum Aufbau von Selbstbewusstsein bei ängstlichen und unsicheren Tieren oder/und zur Motivation bei Sport-Hunden. Das Spiel wird zu einem weiteren Lockmittel in Ihrer Hand, mit dem Sie jederzeit und variantenreich die Aufmerksamkeit Ihres Vierbeiners auf sich lenken können.

Abenteuerspaziergang bedeutet: immer wieder neue Überraschungen. Sorgen Sie für Abwechslung! Achten Sie aber bitte darauf, dass weder Hund noch Mensch überfordert werden. Gerade bei jungen Hunden muss man mit allem vorsichtig sein, was Gelenke und Bänder besonders strapaziert. Auch ältere oder kranke Hunde sollten mehr geistig als körperlich gefordert werden.

Egal, was Sie mit Ihrem Hund unternehmen: Spiel und Sport ist Teamwork – und Teamwork stärkt die Bindung zwischen Mensch und Hund!

Ausgelassenes Spiel baut überschüssige Energie ab.

Spiel und Spannung in freier Natur

Outdoor-Agility

Es wird benötigt:
- Ein Ort mit geeignetem Untergrund: weicher Boden, Waldboden oder Wiese
- Einfache Stöcke zum In-den-Boden-Stecken (erhältlich in jedem gut sortierten Hundeshop oder im Internet, Preis ca. 30,- €)
- Ein leichtes Brett (erhältlich im Baumarkt, Preis ca. 5,- €) für die Wippe
- Zwei große Ziegelsteine für die Wippe
- Ein am Boden liegender Baumstamm
- 12 kleine Pylonen (erhältlich im Internet für ca. 10,- €)

Voraussetzungen des Hundes:
- Grundgehorsam
- Körperliche Fitness
- Bindung und Vertrauen zum Hundeführer

Übungsmöglichkeiten:
- Balancieren auf Baumstämmen
- Wippen auf dem Brett
- Sprünge über Hürden
- Schicken um Baumstämme
- Pylonenslalom

Spiel und Spannung in freier Natur

Um mit seinem Hund einen Fun-Parcours zu bewältigen bzw. Fun-Agility zu betreiben, muss man nicht unbedingt immer in die Hundeschule fahren. Mit relativ geringem Aufwand kann auch in Wald und Flur trainiert werden. Natürlich ließen sich auch nur die »Geräte« nutzen, die die Natur bietet, aber dann wird die Auswahl des Trainingsplatzes doch relativ kompliziert. Wenn Sie sich aber die oben genannten Gegenstände besorgen, können Sie zusammen mit Ihrem Vierbeiner ein richtig tolles und kreatives Fun-Agility starten, was ganz nebenbei auch ein gutes Training für das »richtige« Agility ist.

Sollten Sie einen am Boden liegenden Baumstamm gefunden haben, können Sie Ihren Vierbeiner darauf balancieren lassen. Dies ist eine gute Vorübung für den Steg beim Agility. Ihr vierbeiniger Freund sollte auch wirklich erst am Ende und dann natürlich auf Ihr Hörzeichen hin, vom Baum herunterspringen. Legen Sie einfach eine kleine Leckerchenspur auf dem Stamm aus. Das macht die Aufgabe für den Hund spannend und lohnenswert.

Aus dem Brett und den beiden Ziegelsteinen ist im Handumdrehen eine Wippe gebaut. Das Brett sollte nicht rutschig sein, damit sich Ihr Hund nicht verletzt. Montieren Sie darauf eine einfache Gummimatte, dann hat Ihr Hund entsprechend Halt.
Eine tolle Übung ist es, wenn Sie Ihrem Hund auf der einen Seite der Wippe ein »Sitz«- oder »Platz«-Kommando geben und dann an der gegenüberliegenden Seite vorsichtig mit Ihrem Bein das Brett herunterdrücken. Der Hund lernt so stress- und gefahrenfrei das Wippgefühl kennen. Oder Sie führen ihn an der Leine hin und wieder zurück. Hat Ihr Hund die Freude am Wippen entdeckt, üben Sie ohne Leine. Ebenso toll ist es, wenn Sie sich gemeinsam mit Ihrem Hund auf das Wackelbrett stellen. Dies ist zugleich auch eine gute Übung zum Muskelaufbau und für den Gleichgewichtssinn.

Mit den Stöcken lassen sich mit geringem Aufwand verschiedene Sprungvarianten aufstellen. Eine gute Übung ist zum Beispiel die Sprungreihe, an der Sie das Absitzen, das Abrufen, das Führen und auch das Voranschicken hervorragend festigen können. Bauen Sie hierfür einige Hürden mit einem Abstand zwischen fünf und sieben Metern auf. Laufen Sie mit dem Hund mit, achten Sie darauf, dass Sie sich mit Ihrem Körper immer leicht dem Hund zuwenden. Wenden Sie sich ab, wird Ihr Hund sehr wahrscheinlich nicht über den Sprung gehen. Die Höhe der Hürde sollte auch erst einmal nicht zu hoch gewählt werden. Für die Übung »Voranschicken« benutzen Sie einen

Hürden lassen sich variantenreich aufbauen.

Spiel und Spannung in freier Natur

Target. Dies kann ein Tischset oder ein Pappkarton sein. Target heißt Ziel, und Ihr Hund soll lernen, dass er immer belohnt wird, wenn er zu diesem Target läuft. Somit bekommt das Tischset oder der Pappkarton für den Hund einen großen Anreiz dort hinzulaufen und gibt Ihnen die Möglichkeit, Ihren Hund über die Hürden vor bis zum Target zu schicken, an dem er dann belohnt wird.

Oder Sie gestalten mit mehreren Hürden einen Kreis oder ein Viereck. Außerdem können Sie die Sprünge auch aufbauen wie eine Treppe.

Die 12 Pylonen sind für das Slalomtraining gedacht. Damit Sie einen relativ gleichmäßigen Abstand zwischen den Hütchen hinbekommen, stecken Sie sich ein Stück Schnur in die Tasche. Messen Sie daheim 60 Zentimeter aus und schneiden Sie das Stück Schnur genau auf diese Länge. Es wird Ihnen als Maßband dienen. Mit Ihrer Hand führen Sie nun Ihren Vierbeiner im Slalom um die Hütchen herum. Hierbei wäre eine Steigerung, wenn Sie die Handführung nach und nach abbauen. Natürlich können Sie die Hütchen immer neu formieren, also durchaus auch in einem Kreis oder Viereck aufbauen. Oder schicken Sie, wiederum mit Hilfe eines Targets, Ihren Hund von einer Pylone zur nächsten. Denken Sie daran, dass Sie die Belohnung dann auch wirklich auf den Target legen, um den Anreiz des Targets zu erhöhen.

Übrigens bietet ein freistehender Baum auch eine prima Gelegenheit, den Hund um diesen herumzuschicken.

Beim Agility bewegen sich Zwei- und Vierbeiner. Machen Sie doch mal ein Spiel daraus, indem Sie beide um die Wette laufen. Da Sie als Zweibeiner ja deutlich benachteiligt sind, können Sie sich einen gewissen Vorsprung gönnen. Legen Sie Ihren Hund ab, und erst auf Ihr Kommando hin, wenn Sie bereits einige Meter weit gerannt sind, darf er losrasen. Das ist Action, das ist Fun!

Slalom um Pylonen kann bereits mit Welpen ab und zu geübt werden. Es fördert die Folgebereitschaft.

Spiel und Spannung in freier Natur

Apportieren

Voraussetzungen des Hundes:

- Grundgehorsam

- Bindung und Vertrauen zum Hundeführer

»Apportieren« heißt nichts anderes als »Herbeibringen«. Gemeint ist das Bringen geworfener oder versteckter Gegenstände. Apportiert werden kann alles, was der Hund tragen kann, und was ihn weder überfordert noch verletzt. Es gibt allerdings im Fachhandel auch spezielle Apportier-Hölzer zu kaufen.

Apportieren soll dem Hund Spaß machen, er soll Freude daran haben, etwas zu holen, zu tragen und es dann an seinen Menschen zu übergeben. Nicht jeder Hund apportiert von Anfang an mit Begeisterung. Es gibt Rassen, die speziell hierfür gezüchtet wurden, wie zum Beispiel Retriever. Aber auch Ihr Vierbeiner kann einen riesen Spaß am Apportieren als Freizeitbeschäftigung bekommen.

Nehmen, Geben und Tragen stehen vor dem Werfen auf dem Apportier-Trainingsplan.

Apportierfreudige Hunde bringen alles, was sie fassen und tragen können.

Die meisten Hundebesitzer glauben, sie könnten ihrem Hund das Apportieren beibringen, indem sie ihm etwas werfen. Idealerweise sollte Apportieren aber ganz anders aufgebaut werden. Wenn Sie gleich mit dem Werfen beginnen, entstehen zwei Fehlerquellen: Zum einen wird Ihr Hund Sie eventuell nur als Wurfmaschine betrachten. Er sollte Sie aber mit in das »Spiel« einbeziehen, denn nur dann ist es auch wirklich bindungsfördernd. Zum anderen besteht das Risiko, dass Ihr Hund Ihnen das Apportel nicht zurückbringt, sondern sich aus dem Staub macht, um sich alleine mit seiner Beute zu beschäftigen.

Der erste Schritt sollte daher sein, dem Hund das Apportel erst einmal interessant zu machen und ihm dann das Nehmen und Geben beizubringen.

Spiel und Spannung in freier Natur

Um das Interesse des Hundes an dem Gegenstand zu wecken, müssen Sie ihn zur Beute werden lassen. Beute entfernt sich immer weg vom Jäger, niemals auf diesen zu. Für diese erste Übung wählt man am besten einen Futterdummy (dieser sieht aus wie ein kleines Schulstiftmäppchen, in das Sie ein paar Leckerchen stecken). Machen Sie den Futterdummy an einem kurzen Seil fest und ziehen Sie ihn damit in ruckartigen Bewegungen von Ihrem Hund weg. Wenn in Ihrem Vierbeiner der Beutetrieb erwacht ist, halten Sie ihm den Futterdummy hin. Sobald – und nicht schon vorher – Ihre Fellnase den Gegenstand in seinen Fang nimmt, geben Sie einmal das Hörzeichen »Nimm`s«. Lassen Sie aber anfangs Ihre Hände an dem Futterdummy und geben Sie kurz darauf das Hörzeichen »Gib`s« oder »Aus«. Landet der Dummy in Ihrer Hand, bekommt der Hund ein Lob und eine Belohnung. Lassen Sie ihn dazu ruhig das Futter selbst aus dem Dummy holen, indem Sie ihn Ihrem Vierbeiner geöffnet entgegenhalten. Fällt der Gegenstand auf den Boden, verzichten Sie bitte darauf, dies mit einem »Nein« zu kommentieren. Belohnen Sie nur einfach nicht.

Die Arbeit mit dem Futterdummy gefällt den meisten Hunden.

Spiel und Spannung in freier Natur

Wenn Schritt 1 schon gut klappt, trauen Sie sich ruhig einmal, Ihre Hände für einen kurzen Augenblick vom Dummy zu nehmen, so dass der Hund das Apportel bereits selbst, vielleicht eine halbe Sekunde lang, hält. Lässt Ihr Vierbeiner es fallen, war es wohl zu früh dafür. Gehen Sie dann wieder zum ersten Schritt zurück. Loben und belohnen Sie Ihren Hund wirklich nur, wenn der Gegenstand auch in Ihrer Hand »gelandet« ist. Wenn die beiden Vorübungen gut klappen, können Sie zusammen mit Ihrem Fellfreund zu Schritt 3 übergehen: Der Hund trägt den Futterdummy ein kleines Stück auf Sie zu. Auch hierbei soll Ihnen Ihr Vierbeiner das Apportel wieder in die Hand übergeben. Denken Sie daran, dass Sie im Training immer wieder einen Schritt zurückgehen müssen, wenn ein Folgeschritt nicht funktioniert.

Erst wenn all´ dies gelingt, darf das Apportel auch schon mal geworfen werden. Damit sich Ihre Fellnase aber auf gar keinen Fall mit dem Gegenstand aus dem Staub machen kann, sollten Sie das Apportel unbedingt noch an einem Strick befestigt haben. Diesen entfernen Sie

Wenn ein Folgeschritt nicht funktioniert, muss das Training um einen Schritt zurückgesetzt werden.

Apportel können auch versteckt werden, selbst im Schnee.

erst, wenn Ihr Hund das Apportel zuverlässig zu Ihnen zurückbringt.
Im letzten Schritt lernt der Hund das Vorsitzen mit dem Apportel. Allerdings müssen Sie beim Spaß-Apportieren nicht unbedingt so formell und korrekt vorgehen. Apportieren lässt sich ganz locker und spannend in einen Spaziergang integrieren. Überraschen Sie Ihren Hund spontan damit und setzen Sie immer wieder neue Gegenstände zum Apportieren ein. Hat Ihr Hund das Apportieren gelernt, können Sie das Apportel auch hin und wieder verstecken.

Zusammenfassung Übungsaufbau Apportieren

➡ **Schritt 1:** Apportel interessant machen.

➡ **Schritt 2:** Apportel nehmen und übergeben. Der Hundeführer hat dabei seine Hände noch am Apportel.

➡ **Schritt 3:** Apportel tragen lassen und übergeben.

➡ **Schritt 4:** Apportel werfen, holen und übergeben lassen.

➡ **Schritt 5:** Hund sitzt, während das Apportel geworfen wird.

➡ **Schritt 6:** Hund sitzt mit Apportel im Fang vor dem Hundeführer ab.

Spiel und Spannung in freier Natur

Abenteuer-Apportierspiele:

Bei einem Abenteuerspaziergang können Sie das Apportieren auf vielseitigste Art und Weise einbauen.

- Lassen Sie etwas fallen und motivieren Sie Ihren Hund, es für Sie aufzuheben.

- Lassen Sie Ihren Hund mit einem Stock im Maul neben sich herlaufen.

- Schicken Sie Ihren Hund einige Meter weit zurück, um Ihnen einen Gegenstand zu holen.

- Lassen Sie Ihren Hund etwas aus dem Wasser apportieren.

- Verstecken Sie einen Gegenstand im Laub.

- Hängen Sie das Apportel an einen Baum und lassen Sie es den Hund vom Baum »pflücken«. Natürlich muss sich der Gegenstand in seiner Reichweite befinden!

- Kombinieren Sie Apportieren mit Gehorsam: Ihr Hund muss warten, während Sie einen Gegenstand verstecken, den er dann suchen und apportieren darf.

- Legen Sie mehrere Gegenstände auf dem Weg aus, Ihr Vierbeiner soll sie dann der Reihe nach apportieren.

- Legen Sie drei Apportel im Dreieck aus. Ihr Hund soll nur das Apportel bringen, zu dem Sie ihn schicken.

- Legen Sie zwischen sich und das Apportel ein Spielzeug. Ihr Hund soll sich nicht vom Spielobjekt ablenken lassen und darf sich dieses erst zur Belohnung nach dem Apportieren holen.

- Werfen Sie das Apportel, schicken Sie Ihren Hund und geben ihm vor dem Apportieren noch das Kommando »Platz«.

- Vokabeltraining: Benennen Sie Ihrem Hund einen Gegenstand und legen dann jeweils immer einen neu benannten dazu.

- Binden Sie eine Hartwurst an einen Strick. Ihren Hund binden Sie irgendwo fest, damit er nicht zu der Wurst laufen kann. Das Ende des Strickes geben Sie nun Ihrem Vierbeiner. Mit etwas Geschick und Einfallsreichtum wird es ihm gelingen, die Wurst an dem Bändel zu sich hin zu ziehen.

Apportiertraining kann mit Gehorsamsübungen gut kombiniert werden.

Spiel und Spannung in freier Natur

Der Superschlachtruf

Es wird benötigt:

- Brustgeschirr

- Schleppleine

- Spielzeug (Lieblingsspielzeug)

- Besonderes Leckerchen (ideal Futtertube!)

- Evtl. eine Pfeife oder ein ganz besonderes akustisches Signal

Der Superschlachtruf ist ein ganz besonderes akustisches Signal. Ihr Hund soll daraufhin sein Verhalten sofort unterbrechen und umgehend zu Ihnen laufen. Dies auch, wenn er gerade Dreck fressen, sich auf einer toten Maus wälzen oder gar einem Wild hinterherhetzen will. Warum er das machen soll? Weil er gelernt hat, dass ihn bei Ihnen die »Party seines Lebens« erwartet. Wenn Ihr Hund seinem Trieb nachgeht, zum Beispiel dem Beutetrieb oder dem Jagdtrieb, seinem Sexualtrieb und so weiter, ist es für uns Hundebesitzer so manches Mal unmöglich, auf den Hund einzuwirken.

Das hat selten etwas mit Ungehorsam zu tun. Hunde sind in solchen Momenten derart triebgesteuert, dass sie unser Rufen gar nicht mehr registrieren. Triebe sind in der freien Natur überlebenswichtig. Durch den Trieb wird der Hund in Hochspannung versetzt. Diese Hochspannung hat zur Folge, dass sich der Hund nur noch darauf konzentriert. Oftmals spielen dabei auch Hormone eine wesentliche Rolle, denken wir nur an den Jagdtrieb. In dem Moment, wenn der Hund zur Jagd ansetzt, schüttet sein Körper Endorphine aus. Diese werden benötigt, damit der Hund auch entsprechend Kraft und Ausdauer für die Jagd hat. Diese Endorphine machen den Hund glücklich, so dass das Jagen an sich für den Hund schon belohnend ist. Er braucht dazu das Objekt der Begierde gar nicht zu erwischen. Um den Hund aus solch einer Extremsituation abrufen zu können, eignet sich kein Kommando, kein Schimpfen und auch sonst gibt es wirklich kaum wirkungsvolle, sinnvolle Mittel.

Bis auf den Superschlachtruf! Korrekt aufgebaut und regelmäßig gefestigt ist er eine fantastische Möglichkeit in oben geschilderten Situationen, aber auch, um den Hund auf einem Spaziergang zu unterhalten und ein aktionsreiches Spiel mit ihm zu starten. Damit der Superschlachtruf in Extremsituationen auch funktioniert, muss er wirklich gut geübt und das Signal auch perfekt konditioniert werden.

Den Hund aus einem rasanten Lauf abzurufen, ist für viele Hundebesitzer unmöglich.

Spiel und Spannung in freier Natur

Diese Übung lässt sich wunderbar in einen Abenteuerspaziergang einbauen.
An dieser Stelle sei ausdrücklich darauf hingewiesen, dass auch ein Superschlachtruf frühzeitig dann gerufen werden muss, solange der Hund noch ansprechbar ist. Wenn er es nicht mehr hört bzw. nicht mehr wahrnehmen kann, ist auch das beste Kommando vergeben. Ist auch ein Superschlachtruf nicht mehr wirksam.

Wie zuverlässig Ihr Superschlachtruf funktioniert, hängt von folgenden Punkten ab:

- Wie gut ist das akustische Signal?
- Wie intensiv und häufig wurde damit trainiert?
- Wie viel Positives verknüpft der Hund mit diesem akustischen Signal?
- Wie frühzeitig haben Sie reagiert?
- Wie stark ist der entsprechende Trieb bei Ihrem Hund ausgeprägt?

Die Konditionierung auf den Superschlachtruf

Nehmen Sie Ihren Hund an die Schleppleine, die am Brustgeschirr des Hundes befestigt ist. Halten Sie das Ende der Schleppleine in der Hand. Geben Sie Ihr akustisches Signal mit lauter, heller Stimme in dem Moment, in dem der Hund gar nicht damit rechnet. Ich lasse dazu meine Zunge am Gaumen flattern und gebe ein ganz helles »Drdrdrdrdrdrdrdr«. Wobei es unwichtig ist, welches Signal Sie benutzen. Allerdings muss es unbedingt ein Signal sein, das für den Hund neu und nicht schon mit einem Hörzeichen belegt ist. Die Leine soll in dem Moment leicht durchhängen. Genau im gleichen Augenblick, in dem das Signal gegeben wird, drehen Sie sich um und rennen Ihrem Hund in die entgegengesetzte Richtung davon. Dieses Rennen ist sehr wichtig, denn Bewegung begeistert unsere Hunde. Während des Rennens machen Sie immer wieder das akustische Signal, Ihren Superschlachtruf. Wenn Sie nun einige Meter mit Ihrer Fellnase gerannt sind, drehen Sie sich zu ihm um und beginnen ein wildes, begeistertes Spiel mit seinem Lieblingsspielzeug. Denken Sie dabei daran, dass sich die Beute immer vom Jäger weg entfernt. Stecken Sie also Ihrem Vierbeiner das Spielzeug nicht einfach in sein Maul. Bewegen Sie es, verstecken Sie es hinter Ihrem Rücken, machen Sie lustige Geräusche, ziehen Sie daran. All dies wird dazu führen, dass sich Ihr Hund dafür begeistern wird. Bitte beachten Sie, dass Sie das Spielzeug bei dieser Übung aber auf keinen Fall werfen. Der Hund soll mit Ihnen gemeinsam Spaß haben, er soll zu Ihnen kommen und nicht schon gleich wieder vor Ihnen davonlaufen, um die »Beute« zu fangen. Untermalen Sie die

Spiel und Spannung in freier Natur

»Party« immer wieder mit Ihrem akustischen Signal. Somit wird hier abermals genau dieses Geräusch mit etwas Erstrebenswertem verknüpft. Nachdem Sie dann einige Minuten mit Ihrer Fellnase gespielt haben, zücken Sie zu guter Letzt noch ein ganz besonderes Leckerchen. Auch während dieses Vorgangs machen Sie immer wieder Ihren Superschlachtruf. Für Ihren Hund soll dieses akustische Signal der absolute Megaspaß sein. Wenn er dieses Geräusch hört, soll er wissen, dass es in diesem Moment nichts Schöneres gibt, als zu Ihnen zu kommen. Ein Geräusch, mit dem der Hund etwas Tolles verknüpft, hat in einer triebgesteuerten Situation weitaus mehr Wirkung als ein Kommando oder gar Schimpfworte. Verlangen Sie deshalb auch wirklich überhaupt nichts von Ihrem Vierbeiner, sondern begeistern Sie ihn einfach für das Rennen und das Spiel mit Ihnen, sowie für die besondere Futterbelohnung.

Der Superschlachtruf: Mit einem speziellen Akustiksignal wird vom Hund weggelaufen. Folgt der Hund, wird das akustische Signal weiter gegeben und der Hund mit Spiel und Futter ausgiebig für sein Herankommen belohnt.

Spiel und Spannung in freier Natur

Bevor Sie dieses Signal in einer Akutsituation einsetzen können, muss es richtig gut eintrainiert worden sein, vorerst immer mit Schleppleine, damit der Hund lernt, sofort zu reagieren und nicht erst einmal sagt: »Moment, Frauchen, sobald ich hier mit Jagen fertig bin, komm ich dann nach …!« Sehr wahrscheinlich werden Sie, wenn Ihr Superschlachtruf dann zum Einsatz kommt, nicht all´ die schönen Dinge bei sich haben, um mit Ihrem Hund eine »Party« zu veranstalten. Dies ist nicht weiter schlimm. Nutzen Sie das, was Sie auf jeden Fall bei sich haben: Ihre Stimme und Ihren Körper. Rennen Sie mit Ihrem Hund und bringen Sie sich selbst in die Belohnung mit ein. Nach jedem Einsatz im Realfall denken Sie bitte daran, den Hund immer und immer wieder neu zu konditionieren. Er soll wissen, selbst wenn sein Frauchen jetzt mal kein besonderes Spielzeug oder Futter dabei hatte, sind die Regeln noch die Gleichen: Hund kommt – dafür gibt es Spaß!

Zusammenfassung Übungsaufbau Superschlachtruf

→ Hund anleinen.

→ Mit lockerer Leine losrennen (es sollen aber keine 10 Meter Leine mehr am Boden liegen).

→ Während des Rennens akustisches Signal geben.

→ Mit dem Hund ausgiebig spielen (keine Wurfspiele) – dabei ebenfalls den Superschlachtruf ertönen lassen.

→ Zum Schluss den Hund mit einer ganz besonderen Gaumenfreude belohnen.

Spiel und Spannung in freier Natur

Unterschiedliche Jahreszeiten und verschiedene Örtlichkeiten

Fast alle Hunde lieben Wasser, doch in individuell unterschiedlicher Intensität.

Bei einem Abenteuerspaziergang haben Sie die Möglichkeit, die Bedingungen der verschiedenen Jahreszeiten und des entsprechenden Wetters zu nutzen. Speziell der Sommer bietet viele Möglichkeiten, ist aber auch oftmals mit vielen Gefahren verbunden.

Zu viel Sonne ist für die Hunde – wie für uns Menschen auch – bedenklich, genau wie schwüle Hitze, hohe Ozonwerte und Sommersmog. Ganz gefährlich ist die Hitze für unsere Hunde in geschlossenen Räumen, wie z. B. im Auto. Hunde mit langem Fell haben im Sommer

Spiel und Spannung in freier Natur

Ausgelassene Strandspiele im Sommer haben einen hohen Fun-Faktor für Mensch und Hund.

schwer am Pelz zu tragen, wobei wiederum die Kurzhaarigen schnell einen Sonnenstich oder Sonnenbrand bekommen. Den Großen macht das Körpergewicht zu schaffen und die Kleinen müssen schnaufen, weil sie oftmals zu viel Abgase statt Sauerstoff abbekommen. Der Sommer ist also nicht unbedingt nur Vergnügen für unsere Hunde, dennoch kann er für Ihren Vierbeiner viele schöne Erlebnisse beinhalten.

Im Sommer zu beachten

- Kein Spaziergang in der Mittagshitze oder bei extremer Schwüle.

- Tägliches Bürsten lässt Luft an den Körper. Vielen langhaarigen Hunden hilft es, wenn sie geschoren werden.

- Der frühe Morgen ist die beste Trimm-dich-Zeit, denn die Nacht hat Boden und Luft gekühlt und der Tau schafft gutes Klima für die Lungen. Ein Abenteuerspaziergang bei Sonnenaufgang ist etwas ganz Besonderes!

- Vorsicht bei Fahrradtouren vor der Belastung mit Abgasen.

- Sämtliche Hundesportarten sollten nur ausgeführt werden, wenn das Thermometer nicht über 28 Grad Celsius anzeigt.

- Spaziergänge nicht in der prallen Sonne, sondern viel lieber auf Waldwegen oder an Stränden bzw. Ufern machen.

- Leichte Kost entlastet den Kreislauf.

- Ihr Vierbeiner sollte immer freien Zugang zu frischem Wasser haben.

Mit dem Hund ins Gebirge

In den Bergen gelten eigene Regeln, die ein Wandersmann mit Hund unbedingt beachten sollte. Dabei ist eine gute Vorbereitung schon die halbe Miete auf dem Weg zum Gipfel.
In Ihren Wanderrucksack gehören nicht nur die eigene Brotzeit und eine Wanderkarte, sondern auch einiges Zubehör für Ihren vierbeinigen Begleiter. An erster Stelle stehen natürlich Halsband und Leine. Besser noch als ein Halsband ist im Gebirge ein Geschirr. Nehmen Sie am besten eine Leine, die Sie lang oder kurz einstellen können. Sie benötigen nämlich eine lange Leine zum Wandern und eine kurze bei einer eventuellen Rast auf der Alm. An Halsband oder Geschirr sollten Sie unbedingt Ihre Adresse anbringen.

Spiel und Spannung in freier Natur

Wandern mit dem Hund im Gebirge macht viel Spaß, doch gilt es einiges zu beachten.

Kleine Erste-Hilfe-Apotheke für Herr und Hund

- Zeckenzange
- Desinfektionsmittel
- Heil- und Wundsalbe
- Pinzette
- Stauschlauch
- Pflaster und Verbandsmaterial
- Ein spezieller Gummischuh, sollte eine Hundepfote durch die scharfkantigen Gebirgssteine verletzt werden.

Da eine Wanderung nicht nur Sie hungrig und durstig macht, denken Sie auch an einen Napf und eine Wasserflasche für Ihren Vierbeiner. Bei einer mehrtägigen Tour dürfen Futter, Decke sowie Handtücher nicht fehlen, um den schmutzigen oder nassen Hund auch mal abputzen zu können.

Spiel und Spannung in freier Natur

Klettern und krakseln macht vielen Hunden Spaß, doch kann es ganz schnell auch gefährlich werden. Lassen Sie Ihren Hund nicht unbeaufsichtigt laufen.

Zur guten Vorbereitung einer langen Bergtour gehört ein angemessenes Konditionstraining. Trainieren Sie Ihren felligen Begleiter mit immer länger werdenden Spaziergängen, die erst stundenweise ausgedehnt, dann zu Halbtagsausflügen und schließlich zu Tagestouren werden. Selbst, wenn Sie schon ein geübter Bergwanderer sind, berücksichtigen Sie bitte unbedingt auch Größe, Alter und Kondition Ihres Hundes. Für einen Welpen ist eine Bergtour beispielsweise noch zu anstrengend, trotzdem könnte er in einem Rucksack mitgenommen und nur streckenweise laufen gelassen werden. Aber auch das Sitzenbleiben in einem Rucksack muss erst einmal geübt werden. Erkundigen Sie sich unbedingt vor einer Tour genauestens über deren Schwierigkeitsgrad und die Beschaffenheit des Geländes. Richtige Klettersteige sind für Wanderungen mit Hund ungeeignet.

Wasser- und Strandspiele

Das Verhalten von Hunden gegenüber Wasser ist sehr unterschiedlich. Schnee wird grundsätzlich begrüßt, Regen finden die meisten Hunde schon nicht mehr so toll und eine Dusche oder gar ein Vollbad erst recht nicht. Die Leidenschaft für Pfützen und Gewässer ist häufig von der Rasse abhängig. Ob Ihr Hund sich im Wasser wohlfühlt hängt aber auch ganz entscheidend davon ab, ob und wie Sie ihn an dieses Element heranführen. Meine Welpen bekommen im Alter von sechs bis sieben Wochen bereits einen flachen, großen Behälter mit Wasser aufgestellt. So erlernen sie gleich, dass Wasser etwas Tolles ist. Niemals sollten Sie Ihren Vierbeiner ins Wasser zwingen, wenn er keine Lust dazu hat. Viel effektiver ist es, wenn Sie mit seinem Lieblingsspielzeug ins Wasser gehen und ihn motivieren, zu Ihnen zu kommen. Achten Sie bei den ersten Schwimmversuchen auf eine ideale Außen- und Wassertemperatur. Generell können alle Hunde schwimmen, allerdings macht auch hier Übung den Meister.

Retriever sind rassetypisch »Wasserratten«.

Spiel und Spannung in freier Natur

Tipps für lustige Sommerspiele rund um Strand und Wasser

- Apportierfreudige Wasserratten haben Spaß daran, wenn sie verschiedene Dinge aus dem Wasser holen dürfen. Oder Sie werfen das Spielzeug ins Wasser und schwimmen beide um die Wette dorthin. Es gibt inzwischen im Fachhandel viele verschiedene Wasserspielzeuge, die Ihren Hund begeistern werden. Eines meiner Lieblingsspielzeuge für Hunde ist ein fester, schwimmender Ball mit Griff. Damit der Hund diesen im Wasser zu fassen bekommt, muss er sich wirklich geschickt anstellen und gekonnt schwimmen.

- Viele Hunde lieben auch die Fahrt auf einer Luftmatratze oder in einem Gummiboot.

- Tauchen lernen kann Ihre Wasserratte gut, wenn Sie ein nicht schwimmfähiges Spielzeug in kniehohes Wasser legen.

Der Markt hält sinnvolles Wasserspielzeug bereit.

Nach Spielzeug zu tauchen, macht viel Spaß.

Spiel und Spannung in freier Natur

Kneipen ist auch für Hunde gesund.

- Lassen Sie sich im See von Ihrem Hund »retten«. Mittels einer Schlaufe um Ihren Arm darf Ihr Hund Sie ziehen.

- Einen riesen Spaß macht vielen Hunden auch das Kneipen. Suchen Sie sich einen Bach und waten Sie gemeinsam durch das erfrischend kühle Nass.

- Aus einem Wasserbecken, das Sie beispielsweise in Ihrem Garten aufstellen, kann Ihr Hund Bälle herausfischen.

- An einem Sandstrand haben Sie unzählige Möglichkeiten, Ihren Hund zu begeistern. Bauen Sie gemeinsam eine Sandburg, Ihr felliger Freund kann die Eimerchen tragen und Ihnen bringen.

Buddeln im Sand ist jederhunds Hobby.

- Oder Sie verstecken sein Spielzeug in einem Sandhaufen. Das Ausbuddeln wird Ihrem Hund richtig Freude bereiten.

- Strand-Frisbee, Softtennis, Strand-Boccia (mit weichen Kugeln) oder Strand-Fußball bringen ebenfalls jede Menge Fun, und durch den weichen Untergrund wird der Hund weitaus weniger körperlich belastet.

- Viele verschiedene Spiele können Sie mit dem Handtuch erfinden. Bringen Sie Ihrem Vierbeiner doch bei, dass er sich selbst damit zudeckt, unter das Badetuch robbt oder es Ihnen ganz einfach nur bringt. Dazu könnten Sie es unter Ihrer Liege verstecken oder an den Sonnenschirm hängen. Der Sonnenschirm kann übrigens ebenfalls gut dazu genutzt werden, um Ihren Vierbeiner herumzuschicken oder einige Tricks damit einzustudieren.

- Der Liegestuhl bietet ein tolles Versteck oder Sie können Ihrem Liebling die Seiten rechts und links beibringen, während Sie sich auf der Liege lang machen. Auch könnte er lernen, Sie in dieser Position zuzudecken.

- Wenn Sie zusammen mit Ihrem Hund einige Tricks beherrschen, können Sie für ein tolles Unterhaltungsprogramm sorgen, wenn Sie »Dogdance« am Strand präsentieren. Achten Sie nur darauf, dass die Musik nicht so laut ertönt und sich andere Badende nicht gestört fühlen.

- Gehorsamstraining am Strand ist ebenso möglich. Legen Sie Ihre Fellnase am besten

Spiel und Spannung in freier Natur

Gehorsamstraining am Strand bringt eine ganz neue Dimension in den Hundealltag.

genau an der Wassergrenze ab. Rufen Sie ihn durch die Brandung heran. Gerade den Vierbeinern, die nicht gerne ganz ins Wasser gehen, gefällt diese Übung im nur halb hohen Wasser sehr gut.

- Werfen Sie einige Tennisbälle auf einmal ins Meer. Bei kleinen Wellen ist es für Ihren Freund eine große Herausforderung, alle Bälle nach und nach wieder aus dem Wasser zu fischen.

Lassen Sie Ihren vierbeiniger Freund nicht erhitzt ins Wasser springen. Er sollte erst nur mit den Pfoten ins Wasser gehen oder vor dem Sprung ins kalte Nass mit einem gut feuchten Handtuch abgekühlt werden. Und haben Sie Ihren Hund immer im Auge, wenn er im Wasser ist, um Unfälle zu vermeiden.

Der Sprung ins kühle Nass sollte auch für einen Hund nicht unvorbereitet erfolgen.

Spiel und Spannung in freier Natur

Spiele im Schnee

Viele Hunde fressen für ihr Leben gerne Schnee. Beachten Sie, dass übermäßiger Verzehr der kalten, weißen Flockenmasse zu Magen- und evtl. sogar zu Lungenproblemen führen kann. Nicht jeder Hund ist gleich empfindlich und natürlich kommt es auch auf die Menge und Häufigkeit an. Wenn der Schnee sehr klebrig ist, haben vorwiegend Hunde mit langem Fell, vielfach das Problem, dass sich kleine, feste Schneeknuddeln zwischen den Ballen sammeln. Dies ist vielen Hunden sehr unangenehm und behindert sie beim Laufen. Wenn Sie mit einer kleinen Schere die Pfotenhaare etwas kürzen und auf die Ballen eine entsprechende Pfotensalbe geben, stollen die Hunde nicht so schnell auf. Vermeiden Sie auch den Spaziergang an Straßen, auf denen Salz gestreut wird. Sollte dies für Sie nicht möglich sein, sollten Sie sich über Pfotenschuhe informieren.

Hunde lieben Schnee!

Spielvariationen

- Wenn es schönen Pulverschnee gibt, können Sie mit Ihren Füßen den frischen Schnee umherwirbeln.

- Ist der Schnee von festerer Konsistenz, können Sie viele feste Schneebälle formen und diese einen Hang hinunterkullern lassen. Ihr felliger Freund wird mit Freuden den weißen Bällen hinterherjagen.

- Für längere Wanderungen im Schnee sind Schneeschuhe eine gute Errungenschaft. Mit ihnen können Sie auch durch hohen Schnee laufen. Da die Hunde keine Schneeschuhe an den Pfoten haben, wird diese Art der Wanderung für sie sehr anstrengend sein, da sie sich ja mit viel Schub durch den hohen Schnee drücken müssen.

- Mit dem Hund Schlitten zu fahren ist ebenfalls eine schöne Sache. Allerdings rate ich vom Gebrauch eines herkömmlichen Schlitten ab. Die Verletzungsgefahr mit den scharfen Kufen ist mir persönlich viel zu groß. Nutzen Sie doch lieber eine große Plastiktüte. Wenn Sie diese mit Schnee befüllen, dann verschließen und etwas platt drücken ist sie der ideale Hunde-Schlitten. Dabei sitzt Ihr Vierbeiner selbstverständlich nicht mit auf dem Schlitten, sondern er darf nach Herzenslust neben Ihnen herrennen.

- Auch zum Schlitten-bergauf-Ziehen können Sie Ihren vierbeinigen Freund einspannen. Dafür sollte er ein Geschirr tragen und das Seil die nötige Länge haben, damit es den Hund beim Laufen nicht behindert.

Spiel und Spannung in freier Natur

Verstecken Sie das Lieblingsspielzeug des Hundes im Schnee und lassen Sie ihn suchen.

- Bauen Sie einen kleinen Schneeberg und lassen Sie Ihren Hund zusehen, wie Sie sein Lieblingsspielzeug darunter vergraben. Das Ausbuddeln aus dem Schnee wird ihn begeistern.

Spiel und Spannung in freier Natur

Spiele im Regen

Zugegeben: Regen und richtiges Matschwetter laden nicht unbedingt zu einem Abenteuerspaziergang ein. Auch ich verkürze bei solch einem Wetter gerne die Gassi-Runde. Dennoch möchten die Hunde auch an solchen Tagen ausgelastet werden. Dies ist für mich genügend Anlass, mein Wohnzimmer zum Trainingsraum umzuwandeln.

Vielleicht sind Sie aber von der härteren Sorte und durchaus dafür zu begeistern, auch bei Regenwetter mit Ihrem Vierbeiner draußen aktiv zu werden.

Vorschläge für Regentage:

- Pfützen hüpfen

- Schirm tragen lassen

- Schütteln auf Kommando trainieren

- Gehorsamstraining im Regen, dabei ruhig auch einmal die Positionen halten lassen, aber nicht zu lange und dafür anschließend ausgiebig belohnen.

Wasser ist toll und verleitet zum Spielen, Regenwasser wird aber oft weniger vom Vierbeiner geschätzt.

Die Leistungsfähigkeit einer Hundenase ist phänomenal.

Nasenspiele

Die »Riechhunde-Ausbildung« ist für den Hund sehr anstrengend. Je häufiger Sie üben, umso sicherer wird Ihr Vierbeiner und umso größer wird der Spaß. Dann können Sie auch die Anforderungen erhöhen. Das viele Training und die Arbeit lohnen sich, und es ist ungeheuer faszinierend, wenn man Zeuge wird, wie Hunde ihre natürlichen Fähigkeiten einsetzen. Mit der Zeit lernt man, durch die Nase seines Hundes zu »sehen«. Die meisten Hunde, die einmal Gelegenheit dazu hatten, schätzen die Nasenarbeit ganz besonders. Wen wundert das, schließlich ermöglicht Nasenarbeit ihnen, ihrem Trieb nachzukommen.

Es ist eine gemeinsame, aber auf die Fähigkeiten des Hundes abgestimmte Beschäftigung, die den Hund in hohem Maße geistig fordert und seine Bedürfnisse befriedigt. Hunde leben in einer für uns nicht wirklich nachvollziehbaren Geruchswelt. Sie erfahren ihre Umwelt überwiegend über ihr hervorragend ausgeprägtes Riechorgan, mit dem sie auch feinste Teilgerüche exakt erkennen können.

Spiel und Spannung in freier Natur

Die Geruchswahrnehmung hängt von der chemischen Zusammensetzung der Gerüche, vom Feuchtigkeitsgehalt der Luft und vom physiologischen Zustand des Hundes ab. Die Riechschärfe ist am besten, wenn der Hund hungrig ist, und lässt nach, wenn er satt ist. Hündinnen sind feinfühliger für Gerüche als Rüden, allerdings variiert diese Empfindlichkeit in Abhängigkeit zum Sexualzyklus.

Dieser außergewöhnliche Geruchssinn verkümmert aber, wenn er nicht in ausreichendem Maße beansprucht wird. Bei der Nasenarbeit wird diese natürliche Veranlagung des Hundes gefördert. Hierfür ist auch mehr als sonst die Selbständigkeit des Hundes gefragt. Die meisten Hunde schätzen es sehr, so zu »arbeiten«. Hund und Mensch tauschen ihre Rollen: Der Hund führt und der Mensch folgt. So werden Hund und Mensch zu ganz besonderen Gefährten!

Es gibt ganz gezielte, gehobene Riech-Ausbildungen für den Hund wie z.B.:

- Mantrailing (Personensuche)
- Fährtenarbeit
- ZOS (Zielobjektsuche)
- Trümmersuche
- Lawinensuche
- Drogensuche

Einfache Nasenspiele lassen sich hervorragend in einen Abenteuerspaziergang integrieren!

Auch im Schnee sind Suchspiele möglich.

Spiele zur Gegenstands-Suche:

- Motivieren Sie den Hund dazu, verlorene Gegenstände zu suchen. Jeder Hund kann dies auf einfache Art und Weise lernen. Wie alles, bauen Sie auch das natürlich in ganz vielen kleinen Schritten auf. Lassen Sie ihn zunächst dabei zusehen, wenn Sie etwas fallen lassen. Sobald er es Ihnen aufhebt, clicken und belohnen Sie ihn voller Freude. Sollte er dies noch nicht tun, so lassen Sie immer gemeinsam mit dem Gegenstand ein Leckerchen fallen. Üben Sie zusätzlich dann auch das Apportieren (siehe Seite 34). Wenn dies klappt, steigern Sie die Anforderung, indem Sie sich ganz allmählich immer weiter von dem verlorenen Gegenstand wegbewegen und Sie Ihren Hund zum Objekt zurückschicken.

- Täuschen Sie Ihrem wartenden Hund mehrere Verstecke vor. Er weiß nicht, in welchem Versteck Sie den zu findenden Gegenstand abgelegt haben.

Spiel und Spannung in freier Natur

- Lassen Sie Ihren Hund außer Sicht warten, während Sie den Gegenstand verstecken.

- Verstecken Sie den Gegenstand, noch bevor Ihr Hund überhaupt eine Ahnung hat, dass gleich ein Suchspiel angesagt ist. Probieren Sie, ob er auf Ihr Signal hin auch ganz unvorbereitet mit der Suche beginnt.

- Wechseln Sie die Suchorte.

- Legen Sie verschiedene Gegenstände nebeneinander und schauen Sie, ob Ihr Hund es schafft, den Gegenstand herauszusuchen, den Sie vorher in der Hand hatten und der daher nach Ihnen riecht.

- Vielleicht haben Sie Lust, Ihren Hund noch weitere Gegenstände suchen zu lassen? Die Suche nach den einzelnen Gegenständen bauen Sie genau so auf wie die nach Ihrem ersten Übungsobjekt und durchlaufen Schritt für Schritt die einzelnen Übungsteile. Führen Sie jeweils unterschiedliche Signale für die einzelnen Gegenstände ein, z. B. »Such Schlüssel«, »Such Handy« und so weiter.

- Anzeige lernen! Wenn Sie Lust haben, können Sie nun beginnen, ein sogenanntes »Anzeigeverhalten« herauszuarbeiten, also ein Verhalten, mit dem Ihnen Ihr Hund deutlich zeigt, dass er sein Suchobjekt gefunden hat. Das ist sehr praktisch, wenn Ihr Hund zum Beispiel einmal auf einer Wiese nach einem weggeworfenen Gegenstand suchen soll, denn Sie möchten schließlich erkennen, wann er ihn gefunden hat, oder aber sein Suchobjekt unter mehreren verschiedenen Gegenständen herausfinden soll.
Die Anzeige kann ganz unterschiedlich aussehen. Bei der Trümmersuche bellt der Hund zur Anzeige. Für die Zielobjektsuche eignet sich ganz gut das Apportieren. Es besteht auch die Möglichkeit, dass Ihr Vierbeiner zu Ihnen zurückkommt und Ihnen den Weg weist. Oder Ihre Fellnase macht die Anzeige durch Abliegen oder Stehen am entsprechenden Objekt.

Gegenstandssuche kann auch in ein Abenteuer-Apportieren gewandelt werden.

 Spiel und Spannung in freier Natur

Nasenarbeit fordert den Hund, kommt seinem Naturell entgegen und macht ihm viel Freude.

Spiel und Spannung in freier Natur

Mantrailing, die Suche nach Personen, ist eigentlich die Aufgabe von Rettungshunden, mutiert aber immer mehr auch zur sinnvollen Beschäftigung von Privathunden.

Spiele zur Personensuche:

- Es ist für unsere Vierbeiner gar kein Problem, einer menschlichen Fährte zu folgen. Auch hier beginnen Sie natürlich erst einmal mit einer ganz leichten Übung. Lassen Sie Ihre Fellnase zusehen, während sich eine dem Hund vertraute Hilfsperson versteckt.

- Für den Anfang ist es ganz hilfreich, wenn diese Person dem Hund ein besonderes Spielzeug oder Leckerchen zeigt, bevor sie weggeht. Hat Ihr Hund die Person gefunden, wird er mit einem ausgiebigen Spiel oder einem besonderen Schmankerl belohnt. Auch bei diesem Nasenspiel steigern Sie ganz allmählich die Distanz. Lassen Sie nach einiger Übung den Hund nicht mehr dabei zusehen, wenn sich jemand versteckt.

- Variieren Sie die Örtlichkeiten (Wald, Wiese, Wohngebiet).

Weiß der Hund, worum es geht, können die Suchaufgaben anspruchsvoller werden.

Spiel und Spannung in freier Natur

Wenn's mal nicht gleich klappen will:

- Ihr Hund rennt begeistert los, ist aber komplett auf dem Holzweg? Bleiben Sie einfach ruhig stehen, halten die Leine und sagen nichts. Ein »Nein« z. B. könnte Ihr Hund unter Umständen als Verbot der Spurensuche interpretieren! Vielleicht findet Ihr Hund den richtigen Weg. Wenn nicht, starten Sie noch einmal neu und machen es für den Anfang etwas einfacher.

- Ihr Hund läuft nur ein kurzes Stück auf der Spur und rennt dann querfeldein, um den Winkel abzukürzen und auf direktem Wege zu Ihrem Helfer zu flitzen? Kluger Hund! Ihm hat der Wind den Duft von Helfer und Wurst wahrscheinlich schon in die Nase geweht und er erreicht mit erhobenem Riecher auf kürzestem Wege sein Ziel. Das ist in jedem Fall eine Belohnung wert!

- Ihr Hund weiß so gar nicht, was er tun soll und steht ratlos da? Für manche Hunde ist das selbständige Arbeiten zunächst ungewohnt. Sie können Ihrem Vierbeiner helfen, indem Ihr Helfer nur ein ganz kleines Stück weggeht, hinter einem Strauch oder um eine Ecke verschwindet und Ihr Hund ihm sofort folgen darf. Vielleicht motiviert es Ihren Hund auch ganz besonders, wenn Ihr Helfer die Belohnung anfangs hinter sich herzieht.

Geruchsmemory

Sie lassen Ihren Hund dabei an einem »Musterduft« schnüffeln und er sucht Ihnen dann genau diesen Duft aus einer Auswahl von Düften heraus. Für Ihren Hund ist das ganz einfach, denn Düfte erkennt er sowieso und kann sie auseinanderhalten. Das Einzige, was Sie tun müssen, ist, ihm das Spiel zu erklären: Sie benötigen hierfür drei standfeste Ton-Blumentöpfe (mit Abfluss-Löchern im Boden) oder Küchensiebe. Außerdem ist, wenn Ihr Hund das »Bleib« noch nicht so gut beherrscht, ein Helfer praktisch, der den ungeduldigen Vierbeiner erst einmal festhält. So können Sie in aller Ruhe die einzelnen Schritte vorbereiten. Die drei umgedrehten Blumentöpfe stehen nebeneinander. Unter einem wird – unter den Augen des wartenden Hundes – etwas ganz Leckeres und besonders gut und intensiv Duftendes deponiert. Jetzt darf Ihr Hund ran. Wahrscheinlich wird er sofort an den Löchern schnuppern und versuchen, das Leckerchen aufzustöbern. Schnuppert er am richtigen Topf oder Sieb, ist es wichtig, dass Sie schnell reagieren, denn Ihr Hund soll den Blumentopf nicht wegschieben oder umschmeißen. Clicken Sie also und heben Sie den Topf bzw. das Sieb sofort an, damit Ihr Hund seine Belohnung nehmen kann.

Wiederholen Sie das einige Male und verstecken Sie das Leckerchen dabei unter verschiedenen Töpfen. Sie können die Töpfe dabei auch, wie bei einem Hütchenspiel, hin- und herschieben, so dass Ihr Hund nicht genau sehen kann, wo sich das Leckerchen verbirgt.

Im nächsten Schritt lassen Sie Ihre Fellnase dann nicht mehr nach Futter, sondern nach einem Gegenstand suchen, den Sie ihm vorher gezeigt haben oder an dem Sie ihn haben schnüffeln lassen. Um sein Interesse an dem Gegenstand zu wecken, können Sie anfangs zusätzlich Futter dazulegen. Sie brauchen nun genau diesen Gegenstand zwei Mal. Gut

Spiel und Spannung in freier Natur

eignen sich hierfür zum Beispiel zwei kleine Futterdummies. Den einen Gegenstand halten Sie nun dem Hund zum Schnüffeln hin. Genau in dem Moment, in dem er daran riecht, geben Sie das Hörzeichen »Riech«. Anschließend packen Sie das Geruchsobjekt weg und führen Ihren Vierbeiner wieder an die Töpfe. Schnüffelt Ihr Hund nun am richtigen Topf, geben Sie als zweites Hörzeichen z. B. »Zeig´s« und belohnen fast zeitgleich.

Wiederholen Sie den Ablauf »Riech« und »Zeig´s« viele Male. Erst, wenn Sie das Gefühl haben, Ihr Hund hat verstanden, um was es geht, kommt die nächste Steigerung.

Dafür nehmen Sie das Futter aus den Dummies und belohnen ihn nach einer erfolgreichen Schnüffelaktion von außen, also zum Beispiel aus Ihrer Tasche.

Nach und nach können Sie nun die Suchobjekte verändern. Gehen Sie aber immer erst zum nächsten Schritt über, wenn Ihr Hund bei der vorherigen Übung auch wirklich ganz sicher ist.

Mit dem entsprechenden Training kann man den Hund alles suchen lassen, was man möchte, nicht nur sein Spielzeug.

»Trimm dich« im Wald

Voraussetzungen des Hundes:

- Grundgehorsam

- Körperliche Fitness

- Bindung und Vertrauen zum Hundeführer

Gerade im Sommer, wenn es sehr heiß oder schwül ist, bietet der Wald tolle Möglichkeiten für Aktivitäten. Sollte Ihr vierbeiniger Freund die Freude am Jagen entdeckt haben, sollte er auf keinen Fall von der Leine gelassen werden. Schleppleinen geben die Möglichkeit, dass Ihr Vierbeiner auch im Wald einen gewissen Freiraum hat und seinem Bewegungsdrang kontrolliert nachgehen kann.

Spiel und Spannung in freier Natur

Wenn Sie schon mal auf einem Trimm-dich-Pfad waren, wissen Sie ja, dass dort an jeder einzelnen Station die Übungen auf Tafeln beschrieben sind und das nötige Trainingsmaterial zur Verfügung steht. Mit ein bisschen Phantasie können Sie die Stationen in Hunde-Trimm-dich-Übungen umwandeln.

So liegt dort zum Beispiel ein Baumstamm zum Balancieren aus. Setzen Sie Ihren Hund auf dem Stamm ab. Legen Sie ihm eine Leckerchen-Spur aus. Natürlich darf Ihr vierbeiniger Freund erst loslegen, wenn Sie ihm das Kommando geben. Sie können auch mitbalancieren oder auf ihn zubalancieren. Oder Sie kombinieren das Ganze immer mit einem »Halt«-Kommando. Ihr Hund darf immer erst zum nächsten Keks balancieren, wenn Sie ihm das Hörzeichen dafür geben.

Nachdem die Trimm-dich-Pfade nicht alle gleich sind, macht es keinen Sinn, wenn ich Ihnen hier Ideen vorgebe. Lassen Sie Ihrer Phantasie freien Lauf und probieren Sie doch einfach mal aus, was alles möglich ist und Spaß macht. Zwingen Sie Ihre Fellnase aber zu nichts und erwarten Sie nicht, dass sie alles gleich kann. Je häufiger Sie mit ihr trainieren, umso besser wird sie!

4 Beschäftigungsideen für zu Hause

Mindestens genauso viele Arten der Outdoor-Beschäftigung gibt es auch für drinnen. Nicht immer hat man die Möglichkeit, seinen Vierbeiner auf einem ausgiebigen und ideenreichen Spaziergang im Wald oder am Strand auszulasten. Auch der heimische Garten ist bei schlechtem Wetter nicht wirklich einladend. Trotzdem kein Grund zur Langeweile! Auch wenn man in den eigenen vier Wänden nicht unbedingt die Möglichkeit hat, den Hund durch entsprechende Bewegung auszulasten, so kann man den Vierbeiner geistig aktiv werden lassen.

Beschäftigungsideen für zu Hause

Clickern

Eine ganz einfache, ideale Hilfe für die Kommunikation zwischen Mensch und Hund ist der Clicker! Keine Sorge, es handelt sich hierbei nicht um ein Hightech-Gerät, sondern lediglich um einen kleinen Knackfrosch. Seitdem dieses kleine Teil im Hundetraining benutzt wird, hat es nicht mehr die Form eines Frosches, sondern ist handlich rund oder eckig und macht »Click«. Damit dieses Geräusch für den Hund auch eine Bedeutung hat, muss er auf das »Click« konditioniert werden. Das heißt, dass Ihr Hund dieses Geräusch mit etwas Bestimmtem verknüpfen lernt, nämlich mit zwei Dingen: zum einen damit, dass dieses »Click« ein Versprechen auf eine Belohnung ist und zum anderen, im zweiten Lernschritt, dass immer dann das »Click« erfolgt, wenn er ein gefälliges Verhalten zeigt. Vielleicht denken Sie, dass Sie ebenso gut »Prima«, »Spitze« oder »Super« sagen können, was viel einfacher wäre. Allerdings dürfen Sie nicht vergessen, dass die Wörter oftmals ganz unterschiedlich klingen. Auch bekommt der Hund durch unsere Stimme immer noch tausend Zusatzinfos wie z. B. »Frauchen gerade nicht so gut gelaunt«, »Mensch momentan etwas aufgeregt«, »Herrchen gerade gestresst«. Mit dem Clicker sind Sie absolut neutral. Es wird exakt während der Handlung geclickt (also gelobt), und dies geschieht punktgenau und nicht wie beim verbalen Lob nach der erwünschten Handlung.

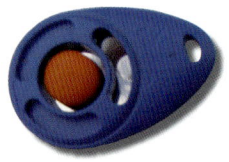

Schritt 1: Die Konditionierung auf das »Click-Geräusch«

Zur Vorbereitung: Sie brauchen einen Clicker (den erhalten Sie inzwischen in jedem Tierhandel oder auch im Internet), jede Menge leckerer Häppchen und einen Raum, in dem Sie und Ihr Hund erst einmal ungestört sind. Das Futter muss relativ klein sein und gut »flutschen«, damit der Hund nicht lange Zeit mit Kauen und Beißen beschäftigt ist, was ihn wiederum ablenken könnte.

Im ersten Schritt wird Ihrem Hund vermittelt, dass immer, wenn das Click-Geräusch zu hören ist, was Leckeres ins Mäulchen kommt. Das ist toll!

Legen Sie das Futter hinter sich. Das ist sehr wichtig, denn wenn Sie es in der Hand halten, wird der Hund so gebannt auf das Futter schauen, dass er das »Click« gar nicht mehr so bewusst wahrnehmen wird. Futter vor der Nase schaltet bei den meisten Hunden das Gehirn aus oder lenkt zumindest stark ab – und genau das können Sie bei der Konditionierung gar nicht gebrauchen.

Nun machen Sie einmal »Click«, drehen sich sofort zum Futter um und schenken Ihrem Vierbeiner ein kleines Leckerchen. Dabei wird erst einmal wirklich gar nichts vom Hund verlangt, damit er den Click nicht mit einer bestimmten Handlung verknüpft. Es ist ganz egal, ob Ihr Hund während der Konditionierung sitzt, liegt oder steht. Nur sollte er nicht immer die gleiche Stellung innehaben, damit er nicht meint, nur in dieser bestimmten Stellung erfolge der Click. Sollte Ihr Hund also ständig vor Ihnen sitzen (was übrigens die

Beschäftigungsideen für zu Hause

Lieblings-Bettel-Stellung der meisten Hunde ist) kullern Sie nach dem »Click« das Futter einfach mal auf dem Boden. Schon wird Ihr Vierbeiner aufstehen und schon können Sie ihn auch mal im Laufen oder im Stehen clicken. Zwischen dem Zeitpunkt des Clickens und dem Zeitpunkt des Fütterns sollen nicht mehr als maximal zwei Sekunden vergehen, weil der Hund das Geräusch sonst nicht mehr mit der Belohnung verknüpfen würde.

Wiederholen Sie diesen Vorgang mehrere Male am Tag. Clickern Sie maximal fünf Minuten, dann beenden Sie das Ganze wieder. Diese Prozedur sollten Sie mindestens drei Tage lang einige Male am Tag wiederholen. Denken Sie immer daran, dass Sie bei diesem ersten Lernschritt wirklich gar nichts von Ihrem Hund verlangen und das so verabreichte Futter von der Tagesration abziehen. Nach diesen drei Tagen machen Sie die Probe aufs Exempel. Dazu gehen Sie mit Ihrem Hund wieder in einen geschlossenen Raum. Schauen Sie ihn aber nun nicht direkt an, sondern beobachten Sie ihn nur aus dem Augenwinkel. So als wäre es ganz beiläufig, clicken Sie jetzt und achten auf die Reaktion Ihres Vierbeiners. Schaut dieser sofort her und kommt vielleicht sogar zu Ihnen gelaufen, um sich seine Belohnung abzuholen, können Sie zum nächsten Schritt übergehen. Sollte dies noch nicht der Fall sein, machen Sie eben einfach noch ein bis zwei Tage weiter wie bisher. Es wird auf jeden Fall funktionieren. Ihr Hund ist nämlich bereits auf viele Dinge konditioniert. Denken Sie nur einmal daran, was

Konditionierung auf den Clicker: Clicken, Futter nehmen, Futter geben – innerhalb von maximal zwei Sekunden.

Beschäftigungsideen für zu Hause

passiert, wenn Sie an den Kühlschrank gehen und mit dem Wurstpapier rascheln. Und welcher Hund gerät nicht in freudige Erwartung, wenn der Mensch seine Schuhe oder die Jacke anzieht oder vielleicht den Autoschlüssel zur Hand nimmt? All das sind Konditionierungen, und genau das macht man mit dem Clicker nun ganz bewusst.

Reagiert Ihr Hund bereits auf das Click-Geräusch, können Sie mit dem zweiten Schritt weitermachen.

Schritt 2: »Click« heißt: Gut gemacht!

Mit Sicherheit kennt Ihr Hund schon einige Kommandos. Die meisten Hunde können Sitz, Platz, Hier, Fuß und vielleicht sogar auch Pfötchen geben. Wenn Ihr Hund nun also weiß, dass es nach dem Click immer etwas Gutes zu fressen gibt, geben Sie Ihrem Hund ein Kommando. Genau in dem Moment, indem er sich z.B. bei dem Hörzeichen »Sitz« setzt, clicken Sie. Im Anschluss wird der Hund wieder belohnt. **Achten Sie dabei unbedingt darauf, den Hund in der Position zu belohnen, die Sie gerade von ihm verlangt haben bzw. die Sie gerade geclickt haben.** Sollte Ihr Hund die Position nach dem Click bereits wieder aufgelöst haben, benutzen Sie das Futter dazu, um ihn wieder in diese Position zu bringen, und füttern Sie ihn wirklich erst, wenn er diese Position wieder eingenommen hat. Sie brauchen nun auch nicht nochmals erneut zu clicken! Diesen zweiten Lernschritt sollten Sie einige Wochen mit Ihrem Hund intensivieren, bevor Sie zum dritten Lernschritt übergehen.

Auch anspruchsvolle Übungsaufbauten und ganze Choreographien lassen sich mittels Clicker bestens mit dem Hund trainieren.

Schritt 3: Erlernen neuer Übungen

Wenn Sie mit Ihrem Vierbeiner bereits erfolgreich Schritt 1 und Schritt 2 bewältigt haben, können Sie nun beginnen, mit Hilfe des Clickers Ihrem Hund neue Kommandos bzw. Tricks beizubringen. Clicken Sie dazu unbedingt jeden kleinen, richtigen Schritt, um Ihren Hund zu motivieren.

Schritt 4: Handlungen einfangen

Weitere großartige Möglichkeiten für den Einsatz des Clickers sind irgendwelche ritualisierten Handlungen.

Ich wusste, dass meine Luna sich jeden Tag in der Früh´ streckt, das wollte ich nutzen. Dafür habe ich mir am Abend bereits meinen Clicker und ein paar Leckerchen bereitgelegt. Als sie

Beschäftigungsideen für zu Hause

sich dann morgens strecken wollte, stand ich schon mit meinem Clicker »bewaffnet« parat. Genau während sie sich »verbeugte«, habe ich geclickt und ihr natürlich anschließend eine Belohnung geschenkt. Schon bald fand sie es klasse, sich etwas dazuverdienen zu können, und zeigte die Handlung immer öfter. Nun brauchte ich nur noch vor dem Click das Hörzeichen (in diesem Fall »Diener«) einzufügen, schon konnte sich meine Luna auf Kommando verbeugen. Nutzen Sie also den Clicker auch dazu, spontane Handlungen vom Hund einzufangen (Scharren, Schütteln, Strecken, Wälzen, Apportieren und Ähnliches).

Schritt 5: Freies Formen

Viele Hunde werden schon kreativ und motiviert, wenn der Mensch den Clicker nur in die Hand nimmt. Sie haben gelernt, dass wir viele Dinge, die sie uns dann zeigen, toll finden und sie dafür belohnen. Sollte Ihr Hund ein Verhalten zeigen, das Ihnen nicht gefällt, clicken und belohnen Sie dafür dann einfach nicht. Es gibt beim Clicken kein richtig und falsch, sondern nur Versuch und Irrtum. Der Hund wird schnell merken, dass er für bestimmte Handlungen nicht belohnt wird, und weiter ausprobieren, was Ihnen gefällt.

Noch eine kleine Anmerkung: Sie brauchen keine Angst zu haben, dass Ihr Hund ohne Clicker nicht mehr gehorchen wird. Dies wird nicht passieren. Sie haben mit dem Clicker lediglich die Möglichkeit, Ihren Hund zu motivieren und die Kreativität enorm zu steigern, also trauen Sie sich! Oft höre ich die Aussage: »Ich hab den Clicker immer dann, wenn ich ihn bräuchte,

In der Natur lassen sich ebenfalls gut Tricks einüben.

nicht zur Hand«. Für solche Fälle können Sie Ihren Hund auch mit der Zunge clickern (allerdings bitte erst, wenn er gut konditioniert ist). Er wird merken, dass dies die gleiche Bedeutung hat. Allerdings fehlt dabei der Motivationsfaktor, den Sie erhalten, wenn Sie den Clicker in die Hand nehmen. Deshalb würde ich bei neuen Tricks immer wieder auf den Clicker in der Hand zurückgreifen.

Sollten Sie sich tatsächlich gar nicht dafür begeistern können, mit dem Clicker zu arbeiten, sollten Sie sich ein sogenanntes »Clickerwort« überlegen. Dieses Wort soll dann auch genau so eingesetzt werden wie der Clicker. Sie sagen Ihr Wort – bitte dann aber auch immer das Gleiche – und kurz darauf erhält Ihr Hund seine

Beschäftigungsideen für zu Hause

Dem Clickertraining schenken Hunde gern ihre volle Aufmerksamkeit.

- Clicken Sie anfangs wirklich jede Kleinigkeit, Ihr Hund soll schließlich motiviert arbeiten. Die Häufigkeit des Clickens nennt sich Clickerfaktor, dieser sollte gerade zu Beginn sehr hoch sein!

- Natürlich können Sie Ihrem Hund auch zusätzlich zu dem Click noch durch Ihre Stimme sagen, dass es toll war, was er eben gezeigt hat. Seien Sie dabei aber nicht zu überschwänglich, dies würde ihn von seiner Handlung ablenken.

- Wenn Ihr Vierbeiner eine Sache gut beherrscht, kann natürlich das Clicken hinaus-

Belohnung. Leider wird dabei aber der geniale Motivationsfaktor des Clickers ausbleiben!

Clicker-Tipps

- Sollte Ihr Hund sehr empfindlich auf Geräusche reagieren und das »Click« erst einmal »gruselig« finden, stecken Sie den Clicker anfangs in Ihre Tasche, um das Geräusch zu dämpfen. Zusätzlich halten Sie mit der anderen Hand Ihrem Hund das Futter direkt vor die Nase. Dies lenkt ihn ab, und er wird somit erfahren, dass das Geräusch gar nicht so schlimm ist und etwas Tolles folgt. Wenn Sie feststellen, dass Ihr Hund kein Problem mehr mit dem Geräusch hat, kommt das Futter vor der Nase sofort wieder weg, damit Ihr Hund den Kopf frei hat und denken kann.

- Beachten Sie, den Hund immer in der Position zu belohnen, die Sie auch geclickt haben. Clickerposition ist gleich Belohnungsposition!

Hunde lernen mittels Clicker rasend schnell und zeigen sich hochmotiviert.

Beschäftigungsideen für zu Hause

gezögert werden, aber bitte steigern Sie sich in kleinen Schritten, damit Ihr Hund nicht gefrustet wird. Denken Sie daran, weiterhin jeden Click auch zu belohnen, denn das Click ist ein Versprechen und das soll nicht gebrochen werden.

- Es wird auch Ihnen immer mal wieder passieren, dass Sie aus Versehen zu früh oder zu spät oder gar das »falsche« Verhalten geclickt haben. Füttern Sie trotzdem, denn schließlich war es Ihr Fehler. Achten Sie aber darauf, dass Ihnen nicht der gleiche Fehler gleich wieder passiert. Hunde verknüpfen sonst sehr schnell das »Falsche«.

- Ein »Click« sollte für den Hund nicht bedeuten »Ende der Übung«, sondern nur eine kurze Unterbrechung darstellen. Gerade deshalb heißt es: Clickerposition ist gleich Belohnungsposition!

- Selbstverständlich klappt nicht immer gleich alles auf Anhieb. Sollte Ihr Hund Ihnen etwas anbieten, was Sie für den Trick, den Sie gerade erlernen wollen, nicht brauchen, sagen Sie bitte niemals »Nein«. »Nein« ist ein Kommando, das sehr negativ belegt ist. Sicher hat Ihr Hund gelernt, bei »Nein« etwas komplett zu unterlassen. »Nein« demotiviert also. Ihr Hund soll ja aber das »Arbeiten« mit Ihnen nicht unterlassen, deshalb benutze ich das Kommando »Schade«. Bei diesem Kommando wissen meine Hunde, dass es nicht das Richtige war und sie es einfach nochmals versuchen müssen.

Beschäftigungsideen für zu Hause

Kommando »Schade«

Die meisten Hundeführer geben das Hörzeichen »Nein« Ihrem Vierbeiner fast täglich in Augenblicken, wenn der Hund sein Verhalten komplett einstellen soll. Stibitzt die Fellnase etwas aus dem Abfalleimer, springt der Hund an einem Menschen hoch, ist er dabei, etwas zu zerstören – all dies sind Situationen, in welchen ganz schnell ein »Nein« ertönt. Der Hund soll seine Handlung ohne Diskussion und Widerrede einstellen. Somit ist dieses Hörzeichen absolut negativ besetzt.

Aus diesem Grund benutze ich kein Hörzeichen »Nein« beim Training. Egal, was ich trainiere, ich möchte, dass meine Hunde motiviert und kreativ mit mir »arbeiten«. Würde ich beispielsweise beim Tricktraining zu meinem Hund »Nein« sagen, nur weil er mir statt einem »Hands up« ein »Twist« gezeigt hat, würde ich ihm den Eindruck geben, dass er es komplett lassen soll. Zeigt mir mein Hund also etwas »Falsches«, sage ich statt »Nein« einfach »Schade«. Dies bedeutet für meinen Hund: Toll, dass Du mir etwas gezeigt hast, nur leider ist es in diesem Moment nicht das Richtige. Er wird sich nun bemühen, mir das »Richtige« zu zeigen, denn schließlich möchte er ja viel lieber ein Lob oder sogar eine Belohnung.

Übungsaufbau »Schade«

Nehmen Sie zwei Gegenstände, die sich in der Form etwas ähneln (z.B. eine Fliegenklatsche und ein Stoffblümchen). Nun müssen Sie im ersten Schritt dem Hund zeigen, was er mit dem – für diesen Moment richtigen – Gegenstand tun soll.

Lassen Sie ihn beispielsweise mit seiner Nase immer an die Fläche der Fliegenklatsche stupsen. Genau in dem Moment der Berührung sagen Sie »Nose«, clicken und belohnen anschließend Ihren Vierbeiner. Wenn dieser dann gezielt den richtigen Gegenstand mit der Nase anstupst, halten Sie ihm nun beide Gegenstände vor die Schnauze. Das Blümchen ist jetzt der »falsche« Gegenstand. Stupst Ihr vierbeiniger Freund an die Fliegenklatsche, bekommt er einen »Click« und eine Belohnung. Geht er mit seiner Nase an den falschen Gegenstand, also in diesem Fall an das Blümchen, sagen Sie »Schade« und halten beide Gegenstände für den Hund unerreichbar nach oben. Dies tun Sie aus folgendem Grund: Würden Sie weiterhin beide Gegenstände dem Hund entgegenstrecken, würde er natürlich nach dem Hörzeichen »Schade« sofort den richtigen Gegenstand anstupsen. Dies hätte zur Folge, dass Ihr Vierbeiner nicht wirklich überlegt, sondern einfach nur ausprobiert. Wir wünschen uns aber Fellnasen, die mitdenken. Deshalb halten Sie für ein paar Sekunden die beiden Dinge nach oben und bieten nach einer kurzen Pause Ihrem Vierbeiner beide Gegenstände nochmals an.

Geht Ihr Hund immer zum richtigen Gegenstand, können Sie die Übung ganz allmählich anspruchsvoller machen, indem Sie Blümchen und Fliegenklatsche weiter auseinanderhalten, immer wieder die Seiten wechseln oder die Gegenstände immer ähnlicher werden lassen. Zum Beispiel können Sie zwei Fliegenklatschen nehmen, die absolut identisch sind, aber verschiedene Farben haben. Viele Menschen

Beschäftigungsideen für zu Hause

Bringt Ihr Hund beim Apportieren das Falsche, so sagen Sie »Schade« und verzichten auf die Belohnung. Hier ein »Nein« zu gebrauchen, würde dem Hund leicht die Freude an dieser Beschäftigung vereiteln.

glauben, Hunde sind farbenblind. Dies ist ein Irrtum. Hunde sehen Farben nicht wie wir sie wahrnehmen, und sie haben auch eine gewisse Rotgrün-Schwäche, aber sie sind durchaus im Stande Farben zu unterscheiden!

Hat Ihr Hund die Übung noch nicht verstanden und geht immer wieder an den falschen Gegenstand, so müssen Sie unbedingt darauf achten, dass er, nachdem er von Ihnen schon einige »Schade«-Hörzeichen bekommen hat, nicht frustriert wird. Dies würde dazu führen, dass Ihr vierbeiniger Freund nicht mehr motiviert mitdenkt. In diesem Fall sollten Sie ihm unbedingt eine kleine Hilfestellung geben, indem Sie beispielsweise den richtigen Gegenstand näher an ihn heranhalten. Hat Ihr Hund dann wieder ein paar Erfolge, versuchen Sie erneut eine Steigerung in kleinen Schritten.

Beschäftigungsideen für zu Hause

Haushaltshilfe Hund

Mit ein bisschen Kreativität können Sie Ihren Hund ganz hervorragend auch als Haushaltshilfe beschäftigen. Wichtig ist dabei wie immer die Verständigung. Wenn Ihr Hund nicht versteht, was Sie von ihm wollen, kann auch das tollste Spiel nicht funktionieren. Wieder verhilft der Clicker zu einer gelungenen Kommunikation.

Waschmaschine ein- und ausräumen

Für diesen Trick muss Ihr Hund das Apportieren beherrschen. Beginnen Sie damit, ihn die Waschmaschine erst einmal ausräumen zu lassen. Damit Ihr Hund überhaupt auf die Idee kommt, seinen Kopf in die Maschine zu stecken, können Sie zu Beginn einfach sein Spielzeug hineinlegen. Im nächsten Schritt stellen Sie direkt vor die Maschine den Wäschekorb und geben dem Hund den Zipfel eines Wäschestückes, das sich in der Maschine befindet, ins Maul. Nachdem Ihr Hund gezogen hat und das Wäschestück in den Korb gefallen ist, wird er sofort belohnt. Belegen Sie diese Handlung auch gleich mit einem Hörzeichen, z. B. »Zieh«.

Jacke, Schuhe und Ähnliches ausziehen

Auch hier bildet wieder das Apportieren die Grundlage der Übung. Wedeln Sie einfach mit dem Schuhbändel. Nimmt Ihr Hund das Ende davon ins Maul, ziehen Sie den Schuh etwas zu sich und geben das Kommando »Zieh«.

Aufräumen (Dinge wieder an den ursprünglichen Ort zurückbringen)

Lassen Sie Ihren Vierbeiner beispielsweise Ihren Schuh holen. Dabei kann er gleich lernen, dass er ihn zwar tragen, aber nicht darauf rumbeißen darf. Stehen Sie mit einem geringen Abstand daneben und schicken Sie ihn wieder zu dem Ort zurück, an dem der Schuh gestanden hat. In dem Moment, in dem der Hund den Schuh dort wieder abstellt, bekommt er das Hörzeichen »Aufräumen«.

PC oder Licht einschalten

Hierfür muss der Hund erst einmal lernen, mit der Pfote auf ein bestimmtes Ziel (Target) zu drücken. Dies kann ein Klebezettel oder ein kleiner Untersetzer sein. Motivieren Sie Ihren Hund mit der Pfote darauf zu gehen und clicken Sie genau in dem Moment der Berührung. Meine Hunde bekommen dazu das Hörzeichen »Touch«. Üben Sie mit Ihrer Fellnase, indem Sie den Target immer wieder an neuen Orten platzieren, später eben beispielsweise auf irgendwelchen Schaltern, die der Hund betätigen darf.

Beschäftigungsideen für zu Hause

Schubladen öffnen und schließen

Um Ihrer Fellnase beim Erlernen behilflich zu sein, können Sie kleine Stricke oder Bändel am Griff der Schublade befestigen. Noch vorher können Sie aber mit Ihrem Vierbeiner üben, dass er überhaupt erst einmal am Band zieht. Hat er dies verstanden, werden die Bändel am Griff befestigt. Zum Zuschieben eignet sich wieder ein Nasen-Target (Haftzettel oder Ähnliches).

Türen öffnen und zuschieben

Auch dies kann ganz hervorragend mit Pfoten- oder Nasen-Targets aufgebaut werden. Gerade zum Zuschieben eignet sich die Nase unserer Hunde. Lassen Sie dazu Ihren Hund mit der Nase an den Target stupsen. In dem Moment, in dem Ihr Hund den Target berührt, kommt das Hörzeichen »Nose«. So können Sie Ihren Hund später gezielt mit der Nase oder der Pfote etwas berühren, anstupsen oder schieben lassen.

Der Hund als Butler kann Ihnen die Schuhe bringen, er muss nur lernen, dass er sie nicht zerfressen darf.

Zudecken

Wenn Sie gerade mal wieder auf Ihrem Sofa liegen, wäre es doch eine tolle Sache, wenn Ihr Vierbeiner Sie zudecken könnte. Zum Aufbau der Übung liegen Sie bereits unter der Decke. Geben Sie Ihrem Hund einen Zipfel der Decke ins Maul und sagen Sie dann das Hörzeichen »Zieh«, das er natürlich vorher erlernt haben muss. In kleinen Schritten decken Sie sich immer weiter auf, so dass Ihr Hund Sie Stück für Stück zudecken kann. Bis zum Schluss die Decke wirklich nur noch als lange Wurst an Ihrem Fußende liegt und Ihr Hund Sie nun komplett zudeckt

Gegenstände unterscheiden und bringen lassen

Ihre Fellnase kann lernen, Ihnen genau das zu bringen, nach dem Sie verlangen. Das kann die Fernbedienung, das Handy, ein Hausschuh, eine DVD, Kehrschaufel und Handbesen, die Leine oder was auch immer sein. Bedenken Sie aber, dass Sie zuerst einmal Vokabeltraining betreiben müssen. Legen Sie dazu Ihrem Hund nur einen Gegenstand vor die Nase. Fordern Sie ihn auf, den Gegenstand aufzuheben. In dem Moment, in dem Ihr Hund den Gegenstand ins Maul nimmt, sagen Sie das zugehörige Wort

Beschäftigungsideen für zu Hause

dazu (z.B. »Gib Handy«). Erst nach vielen Wiederholungen kommt ein zweiter Gegenstand dazu. Dieser wird direkt danebengelegt, quasi als Verleitung. Ihr Vierbeiner soll aber immer noch nur das Handy nehmen, nicht den zweiten Gegenstand. Bringt Ihnen Ihr Hund immer das Richtige, obwohl direkt neben dem Handy auch noch weitere Gegenstände liegen, ist es Zeit für den nächsten Begriff. Vergessen Sie nun also erst einmal das Handy und lehren Sie ihm beispielsweise »Bring Hausschuh«. Auch hier steht erst einmal wirklich nur der Hausschuh vor der Hundenase. Dann kommt wieder eine Verleitung dazu, später stehen mehrere zur Auswahl. Unter diesen Verleitungen ist dann auch das Handy. Dieses soll er Ihnen aber erst bringen, wenn es mit dem Hausschuh hundertprozentig klappt. Im nächsten Schritt können Sie dann Ihren kleinen Schlaumeier mal das Handy und mal den Hausschuh bringen lassen. Bringt Ihnen Ihr Hund den falschen Gegenstand, bekommt er von Ihnen ein »Schade« zu hören.

Handy bringen lassen, wenn es klingelt

Hat Ihr Hund gelernt, Ihnen auf Hörzeichen das Handy zu bringen, können Sie nun mit ihm üben, dies zu tun, wenn es klingelt. Rufen Sie sich dafür selbst mit Ihrem Haustelefon auf Ihrem Handy an. Sobald der Klingelton ertönt, geben Sie Ihrem Hund das Hörzeichen »Bring´s Handy«. Nach vielen Wiederholungen versuchen Sie, ob Ihr vierbeiniger Freund schon selbstständig auf den Klingelton reagiert. Tut er dies nicht, so müssen Sie es trainieren, indem zuerst der Ton erklingt und Sie immer mit kurzer zeitlicher Verzögerung das Hörzeichen geben. Mit Hilfe von einem Sichtzeichen können Sie ebenfalls Ihr Hörzeichen abbauen.

Spielzeug aufräumen

Wenn Sie die Spielsachen Ihres Hundes in einem großen Korb aufbewahren, bringen Sie ihm doch bei, seine Sachen selbst wieder aufzuräumen. Auch hierfür ist die Grundvoraussetzung, dass Ihre Fellnase apportieren kann. Zu Beginn lassen Sie ihn sein Spielzeug holen und halten ihm den Korb direkt unter seinen Fang. In dem Moment, in dem er das Spielzeug fallen lässt, sagen Sie das Hörzeichen »Aufräumen« dazu, clicken und belohnen dies. Eine gute Verknüpfung können Sie dadurch schaffen, dass Sie die Belohnung für Ihren Freund mit in dem Korb bei den ganzen anderen Sachen positionieren. Ganz allmählich kann der Abstand zum Korb vergrößert werden.

Achtung:

 Alles, was Sie Ihrem Hund beibringen, wird er natürlich auch machen, wenn Sie nicht dabei sind. Überlegen Sie sich also gut, ob es beispielsweise in Ihrem Alltag sinnvoll ist, wenn Ihr Hund Türen und Schubladen zu öffnen beherrscht. Eventuell können Kindersicherungen angebracht werden.

Beschäftigungsideen für zu Hause

Veranstaltungsort Wohnzimmer

Auch ein trüber Regentag ist noch lange kein Grund für Langeweile. Wenn Sie keine Lust haben, den ganzen Tag untätig auf dem Sofa abzuhängen, das Wetter aber weder Sie noch den Hund zu einem kreativen Spaziergang animiert, dann verlegen Sie den Spaß doch einfach in Ihre eigenen vier Wände!

Im Wohnzimmer ist ein »Fun-Agility-Parcours« schnell aufgebaut. Da hätten wir den Blumenkasten oder das Regalbrett, welches zwischen zwei Stühle gelegt eine echte Herausforderung für vierbeinige Sportler darstellt. Achten Sie bei Sprüngen unbedingt darauf, dass Sie keinen rutschigen Untergrund wählen und auch die Hürden nicht so hoch sind, da der Boden sehr wahrscheinlich nicht federt. Falls Sie nicht zufällig einen Kindertunnel zum Durchkriechen haben, stellen Sie einfach zwei bis drei Stühle hintereinander auf und hängen eine Decke darüber – fertig ist der Tunnel. Zum Balancieren können Sie ein Regalbrett auf zwei Getränkekisten legen und den Hund darüberlaufen lassen. Wenn Sie sich in Ihrem Heim umsehen, werden Ihnen sicher noch mehr Dinge auffallen, die sich für einen Abenteuerspielplatz eignen, lassen Sie Ihrer Phantasie freien Lauf!

Eine leere Kiste kann zu tausend neuen Ideen führen. Alte Jeanshosenbeine eignen sich zur Wurst verknotet hervorragend als Zerr- und Schleuderspielzeug. Achten Sie jedoch immer darauf, dass sich keine Knöpfe oder andere Kleinteile an den Kleidungsstücken befinden, die der Hund verschlucken kann.

Aus alten Socken können Sie im Handumdrehen einen Futterdummy zaubern. Füllen Sie den Socken mit einem Leckerchen und binden Sie ihn oben mit einer Schnur zu. Damit lassen sich tolle Versteckspiele gestalten und die Beute gibt's immer beim Herrchen/Frauchen.

Bringen Sie Ihrem vierbeinigen Freund bei, gezielt zu einem bestimmten Ort (z. B. Küche, Wohnzimmer, Badezimmer) zu gehen. Lassen Sie ihn zuschauen, während Sie beispielsweise im Wohnzimmer etwas positionieren. Dann schicken Sie ihn und benennen den Ort: »Geh' Wohnzimmer«. Vor Ort wird der Hund dann geclickt und belohnt.

Oder aber er lernt, wer wie heißt, indem Sie ihn zu bestimmten Personen schicken. Dies können Sie genauso aufbauen, wie ich es in dem Abschnitt »Haushaltshilfe – Gegenstände unterscheiden, Seite 70« erklärt habe.

Auch Tricktraining ist eine geniale Sache fürs Wohnzimmer. Viele Anregungen und den Aufbau unterschiedlichster Tricks finden Sie in meinem Buch: »Dogdance – Der kreative Hundesport«.

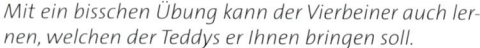

Mit ein bisschen Übung kann der Vierbeiner auch lernen, welchen der Teddys er Ihnen bringen soll.

Beschäftigungsideen für zu Hause

5 Das sportliche Mensch-Hund-Team

Das sportliche Mensch-Hund-Team

Jogging mit dem Vierbeiner

Voraussetzungen des Hundes:
- Grundgehorsam
- Körperliche Fitness
- Bindung und Vertrauen zum Hundeführer

Für den Vierbeiner wird benötigt:
- Wasser und Napf
- Spielzeug
- Joggingleine
- Erste-Hilfe-Set
- Pfotenschuhe
- Handtuch, um den Hund abzutrocknen oder zu kühlen

Für den Menschen wird benötigt:
- Sportkleidung
- Wasser
- Kopfbedeckung bei Hitze
- Regenjacke bei schlechtem Wetter
- Sonnencreme bei Sonne

Damit Mensch und Hund das gemeinsame Joggen genießen können, müssen einige Grundregeln und die körperlichen Voraussetzungen, die der Hund mitbringt, sowie seine sportliche Eignung beachtet werden. Diese Sportart ist nicht für jede Rasse gleichermaßen geeignet. Für einen Jack Russell stellt es nicht die gleiche Belastung dar, neben seinem Herrchen herzurennen, wie zum Beispiel für einen Bernhardiner. Auch kommt es natürlich sehr darauf an, wie es um die Fitness des Zwei- und Vierbeiners bestellt ist. Sollten Sie noch nie zusammen gejoggt sein, dann lassen Sie es auf jeden Fall langsam angehen. Damit das Laufen selbst stressfrei funktioniert, muss der Hund bereits einen guten Grundgehorsam haben. Da der unangeleinte Hund beim Joggen gerne mal vorläuft, sollte er auch aus größerer Distanz abgerufen werden können. Allerdings ist es für Muskelaufbau und Kondition wesentlich besser, wenn der Vierbeiner an einer speziellen Laufleine mitgeführt wird, da er dann konstant das Tempo halten muss. Es gibt im Fachhandel auch spezielle Joggingleinen, die Sie sich umbinden können und somit die Hände frei haben. Vor dem Lauf sollte sich der Hund aber erst lösen können!

Achten Sie auf Ihren vierbeinigen Sportpartner. Insgesamt birgt das Joggen mehr Gefahren für den Hund. Ihr Vierbeiner verträgt die Hitze viel schlechter als Sie, also verlegen Sie das Training auf die kühlen Morgen- oder Abendstunden. Ihre Füße sind mit Laufschuhen geschützt, Ihr Hund kann sich beim Rennen auf Beton, Asphalt oder anderen harten Böden aber ernsthafte Verletzungen zuziehen, sich z. B. am

Das sportliche Mensch-Hund-Team

Der Hund ist ein Bewegungstier, was liegt da näher, als ihn beim Joggen mitzunehmen.

aufgeheizten Asphalt die Pfoten verbrennen. Für Ihre und seine Beine ist ein weicherer Untergrund besser. Eine Pfotensalbe ist oftmals auch sehr hilfreich und schützt die Ballen. Und denken Sie daran, Ihrem Hund zwischendurch immer wieder frisches Wasser anzubieten. Steigern Sie sich ganz allmählich in Zeit und Tempo und achten Sie bei sich und beim Hund auch auf die Pulsfrequenz. Bei Hunden misst man den Puls in der Leiste.

Das sportliche Mensch-Hund-Team

Nordic-Walking mit Hund

Wenn man bisher nur wenige Hundebesitzer beim Nordic-Walking sieht, so liegt das vor allem an der Angst, ihr Hund würde sie durch die Gegend ziehen, die Stöcke könnten sich mit der Leine oder im Bauchgurt verhaken oder unangeleinte Hunde würden machen, was sie wollen, und Jogger, Radfahrer sowie andere Menschen belästigen.

Auch hier ist eine sogenannte Joggingleine ein sinnvolles Hilfsmittel, und selbstverständlich ist auch beim Nordic-Walking wieder ein gewisser Grundgehorsam Voraussetzung für gutes Gelingen und großen gemeinsamen Spaß.

Bestimmt gibt es in Ihrer Nähe die Möglichkeit, sich Nordic-Walking richtig beibringen zu lassen. Wenn Sie die Technik beherrschen, sollten Sie im nächsten Schritt Ihren Hund an die Stöcke gewöhnen. Manch ein Vierbeiner hat damit gar keine Probleme, andere wiederum finden sie ganz grässlich. Legen Sie die Stöcke in der Wohnung einfach auf den Boden und daneben ein paar Leckerlis. Laufen Sie gemeinsam mit dem Hund darüber oder lassen Sie ihn darüberspringen. Nehmen Sie einen Stock beim Spazierengehen mit oder machen Sie ein kleines Spiel damit. So wird der Hund die Gehhilfen bald als ungefährlich bis lustbringend empfinden. Die Stöcke fungieren als Verlängerung unserer Arme und machen uns für den Moment zum Vierbeiner. Der Hund muss sich automatisch dem Rhythmus seines Menschen anpassen.

Auch die Spezialleine sollten Sie vorab beim Gassigehen einführen. Es gibt übrigens auch richtige Nordic-Walking-Leinen, die am Handgelenk befestigt werden. Bevor Sie sich gleich zu einer großen Runde aufmachen, laufen Sie lieber erst einmal um den Häuserblock, um den Hund an das Neue zu gewöhnen. Bei einem sehr temperamentvollen Hund empfiehlt es sich, diesen sich vorher ein wenig austoben zu lassen. Und natürlich muss er sich bevor es losgeht wieder lösen können.

Das sportliche Mensch-Hund-Team

Nordic-Skaten

Nordic-Skaten ist aus dem Inline-Skaten entstanden, nur wird es mit Stöcken betrieben. Da die Stöcke dem Sportler einen gewissen Halt und Sicherheit geben, ist es auch gut geeignet, um es mit dem Hund zu betreiben. Außerdem bietet es im Vergleich zum gewöhnlichen Inline-Skaten ein zusätzliches Training für die Muskulatur der Arme und des Oberkörpers.

In keinem Fall sollten Sie mit Ihrem Hund einfach loslegen. Wichtig ist es, dass Sie auf den normalen Inlinern bereits sicher sind und Ihr Hund gut gehorcht. Auch für diese Sportart können Sie die Jogging- bzw. Walking-Leine benutzen. Wesentlich einfacher und entspannter ist es natürlich ohne Leine. Doch dies setzt geeignetes Gelände und einen sehr folgsamen Hund voraus.

Verzichten Sie auf keinen Fall auf Knie- und Ellenbogenschoner und einen geeigneten, gut sitzenden Helm!

Bei entsprechendem Grundgehorsam kann der Hund seinen Menschen auch beim Skaten begleiten.

Das sportliche Mensch-Hund-Team

Der Hund am Rad

An das Fahrrad muss der Hund zuerst gewöhnt werden, bevor es auf gemeinsame Radeltour gehen kann.

Voraussetzungen des Hundes:
- Grundgehorsam
- Körperliche Fitness
- Bindung und Vertrauen zum Hundeführer

Für den Vierbeiner wird benötigt:
- Springer o. Ä. Vorrichtung am Rad, s. S. 81
- Wasser und Napf
- Spielzeug und etwas Futter
- 1-Meter-Leine mit Leuchtreflektoren
- Halsband oder Brustgeschirr mit Leuchtreflektoren
- Evtl. Halti
- Erste-Hilfe-Set
- Pfotenschuhe und Pfotensalbe
- Handtuch, um Ihren Hund abzutrocknen oder zu kühlen

Für den Menschen wird benötigt:
- Fahrrad mit Leuchtreflektoren
- Wasser
- Geeignete Kleidung mit Leuchtreflektoren
- Kopfbedeckung bei Hitze
- Regenjacke bei schlechtem Wetter
- Sonnencreme bei Sonne

Das sportliche Mensch-Hund-Team

Wer gerne mit dem Fahrrad unterwegs ist, kann daraus einen Ausflug mit Hund machen. Am Fahrrad muss der Hund auf der rechten Seite laufen und dabei einen geeigneten Abstand zu den Pedalen halten. Auch muss er auf der richtigen Höhe bleiben, darf also niemals das Vorderrad überholen.

Die erste Übung

Diese können Sie mit Ihrem Vierbeiner bereits im zarten Alter von ca. acht bis zehn Monaten ausführen. Dazu sollten Sie das Fahrrad schieben und Ihren Hund nebenherlaufen lassen. Nehmen Sie ihn gleich zu Beginn auf die richtige Seite, nämlich nach rechts. Somit ist gesichert, dass er sich nicht auf der Seite des Verkehrs aufhält. Leinen Sie ihn an seinem Geschirr mit einer 1-Meter-Leine an. Diese erste Übung sollten Sie auf keinen Fall gleich an der Straße beginnen. Viel besser geeignet ist ein Feldweg oder zumindest ein verkehrsberuhigtes Gebiet. Verknüpfen Sie das Fahrradfahren – bzw. hier das Fahrrad schieben – gleich mit einem tollen Erlebnis für Ihre Fellnase. Dies kann ein tolles Spiel sein, das Toben mit anderen Hunden oder einfach unterwegs ein ganz besonderes Leckerchen. Ihr Hund soll lernen, dass neben dem Fahrrad herzulaufen immer mit etwas Schönem verbunden ist, wobei für viele Hunde schon alleine das Nebenherlaufen eine ganz tolle Sache darstellt.

Achten Sie bereits bei dieser Übung darauf, dass Ihr Hund niemals vor das Vorderrad rennt. Drängelt sich Ihr Hund nach vorne, so schieben Sie ihn vorsichtig mit dem Vorderrad wieder zurück. Er soll lernen, dass das Vorderrad eine Grenze darstellt, die er nicht überschreiten darf. Meine Hunde lernen am Fahrrad das Hörzeichen »Rad«, was so viel bedeutet wie: Lauf auf der rechten Seite, in der idealen Position, im Trab neben mir her. Auch hier arbeite ich in den ersten Schritten wieder gerne mit dem Clicker. Es clickt genau dann, wenn der Hund sich in seiner richtigen Position befindet.

Bereits bei dieser ersten Übung vermittele ich meinem Hund auch ein Anhalte-Kommando. Dies ist sehr wichtig, da es öfters nötig sein kann, den Hund direkt aus der Bewegung zu stoppen.

Zweiter Übungsschritt

Zeigt Ihr Hund keinerlei Angst vor dem Fahrrad und läuft bereits schön an lockerer Leine neben dem Rad her, können Sie aufsteigen und einige Meter weit radeln. Fahren Sie aber langsam und kontrolliert. Beim idealen Tempo läuft Ihr Hund in einem »slow jog«. Dies ist ein ganz entspannter Trab, der auch die Gang-

Zur Gewöhnung wird der Hund neben dem geschobenen Rad geführt.

Das sportliche Mensch-Hund-Team

Erst wenn der Vierbeiner gelassen auf das Fahrrad reagiert und unbefangen nebenherläuft, darf aufgesessen werden.

art der Wölfe und Pferde ist, wenn sie weite Strecken zurücklegen müssen. Hierbei wird gut Muskulatur aufgebaut und der Körper wenig belastet.

Wichtig:

→ Beobachten Sie Ihren Hund. Achten Sie darauf, wie er atmet, wie er läuft und wie er sich bewegt, auf seine Körperhaltung insgesamt. Radeln Sie niemals in der prallen Sonne auf Asphalt. Dieser kann sich extrem erhitzen. Wenn Ihr Hund »nachhängt«, gehen Sie sicher, dass es ihm gut geht und er Ihren Ansprüchen auch gewachsen ist. Wenn es warm ist, machen Sie viele Pausen.
Für kleine Hunde, die an einer großen Fahrradtour teilnehmen sollen, sollten Sie einen Fahrradkorb an Ihrem Rad befestigen, um Ihren kleinen Freund immer mal wieder den Luxus der Mitfahrgelegenheit gönnen zu können. Für ältere Hunde oder Hunde, deren Kondition nicht so gut ist, gibt es Fahrradanhänger. Achtung: Auch das Mitfahren in solch einem Gefährt muss der Vierbeiner erst lernen.

Sicherheit am Fahrrad

Denken Sie beim Radeln immer daran, vorausschauend zu agieren. Für viele Hunde gibt es Reizsituationen, in denen sie dazu neigen, einfach loszurasen. Dabei vergessen sie leicht ihre guten Manieren. Hier denke ich zum Beispiel an Nachbars Katze oder den unbeliebten Hund auf der anderen Straßenseite. Meist ist das Problem nicht ganz so groß, wenn Sie die Möglichkeit haben, noch vor Ihrem Hund zu agieren. Sehr gefährlich kann es werden, wenn es Sie unvorbereitet trifft. Wenn Sie zu den Besitzern eines Hundes zählen, der sich am Fahrrad leicht aus der Fassung bringen lässt, sollten Sie unbedingt Sicherheitsvorkehrungen treffen. Eine davon wäre eventuell, ihm ein Halti aufzuziehen. Wer sich ein Halti als Korrekturmittel zulegen möchte, sollte sich allerdings von einem guten Hundetrainer zeigen lassen, wie man den Hund sinnvoll daran gewöhnt und wie der richtige Umgang damit ist. Ein Hund sollte immer zusätzlich zum Halti ein Halsband tragen, an dem er geführt wird. Das Halti dient nur zu Korrekturzwecken.

Auch ein sogenannter Springer, eine Eisenfeder, die am Fahrrad-Rahmen befestigt wird, kann ein gutes Hilfsmittel für das Fahrradfahren mit Hund sein. Dieser Springer sorgt dafür, dass der Hund einen gewissen Abstand zu dem Rad hält und ermöglicht gleichzeitig dem Radler, beide Hände am Lenker zu halten. Es gibt unterschiedliche Modelle in der Preisklasse von 40,- bis 70,- Euro.

Das sportliche Mensch-Hund-Team

Mit mehreren Hunden zu radeln, muss intensiv trainiert werden. Jeder einzelne Hund muss exzellent gehorchen.

Tipp:

→ Wenn Sie viel auf der Straße fahren, sollten Sie Ihrem Hund beibringen, auf dem Gehweg neben Ihrem Fahrrad zu laufen.

Das sportliche Mensch-Hund-Team

Longieren

Voraussetzungen des Hundes:
- Grundgehorsam
- Körperliche Fitness
- Bindung und Vertrauen zum Hundeführer

Für den Longierzirkel/Vierbeiner werden benötigt:
- 12 Zeltheringe, 20 bis 30 cm lang, oder alternativ Stäbe, die in den Boden gesteckt werden können
- Strick in der Länge des gewünschten Kreisradius´
- Flatterband
- Wasser und Napf
- Spielzeug
- Longierleine, ideal sind 5 Meter
- Brustgeschirr
- Erste-Hilfe-Set
- Handtuch, um den Hund abzutrocknen oder zu kühlen

Für den Menschen wird benötigt:
- Wasser
- Kopfbedeckung bei Hitze
- Regenjacke bei schlechtem Wetter
- Sonnencreme bei Sonne

Für die meisten Menschen ist Longieren ein Begriff, den sie mit Pferden in Verbindung bringen. Inzwischen hat man diese Art der Beschäftigung und Bewegung auch für Hunde entdeckt. Schon häufig bin ich gefragt worden, wozu denn Longieren beim Hund sinnvoll sei. Longieren dient tatsächlich verschiedenen Zwecken. Der Hund wird dabei auf ideale Art und Weise bewegt und kann somit seinem Bewegungsdrang nachgehen. Gerade für Hundebesitzer, die in der Stadt wohnen oder in einem Terrain, in dem die Möglichkeit der freien Bewegung für den Hund nicht gegeben ist, bietet das Longieren eine gute Möglichkeit, ihn in seinem Bewegungsdrang auszulasten. Den dazu benötigten Platz kann man oftmals auf einfachen Wiesen finden. Zusätzlich ist das

Läuft der Hund an der rechten Seite des Menschen, so weist ihm die linke Hand die Laufrichtung.

Das sportliche Mensch-Hund-Team

Longieren eine gute Art und Weise, die Konzentration und Aufmerksamkeit seines Hundes zu schulen. Der Hund wird dabei lernen, während der Bewegung immer auf seinen Zweibeiner zu achten, um jede Änderung der Bewegung zu registrieren und darauf zu reagieren. Dies kann später dann auch unter Ablenkung erfolgen. Durch die lange und intensive Aufmerksamkeit und Konzentration wird zusätzlich auch noch die Bindung zum Hundeführer gesteigert. Longieren ist eine sehr entspannende Distanzarbeit für den Hund, bei der er zusätzlich noch gut Muskulatur aufbaut.

Aufbau des Zirkels

Suchen Sie sich die Mitte Ihres Kreises und fixieren Sie den ersten Zelthering an dieser Stelle im Boden. An diesem Hering befestigen Sie einen Strick, der so lang ist, wie der Radius Ihres Kreises sein soll. Ideal sind 5 bis 10 Meter, je nach Größe des zur Verfügung stehenden Platzes. Von der Mitte aus werden nun in alle vier Himmelsrichtungen Heringe in den Boden geschlagen, wobei der Strick immer den gleichen Abstand zur Mitte vorgibt. Damit Ihr Kreis aber auch wirklich rund wird, wiederholen Sie das Ganze und setzen weitere Heringe dazwischen. Für einen Kreis mit 20 Metern Durchmesser würde ich Ihnen raten, ca. 16 Zeltheringe zu benutzen. Zum Abschluss wird das Flatterband um jeden Hering gewickelt. Nun haben Sie einen schönen großen Kreis. Sollten Sie nicht die Möglichkeit haben, Heringe im Boden zu verankern, können Sie statt Zeltheringen auch Pylonen verwenden und das Flatterband evtl. weglassen. Dazu sollten Sie dann aber unbedingt mit einem sehr kleinen Kreis beginnen und diesen ganz allmählich größer werden lassen. Dies hat wiederum den Vorteil, dass Sie nicht unbedingt eine Wiese benötigen.

Es geht los

Im ersten Schritt muss Ihr Hund lernen, dass alles, was sich innerhalb des Flatterbandkreises befindet, die Tabuzone ist. Wie der Name schon sagt, sollte dieser Bereich für den Hund tabu sein. Es ist Ihr Wirkungsbereich, während der Wirkungsbereich des Hundes außerhalb des Kreises liegt. Um dem Hund klar zu machen, dass er nicht in den Kreis kommen darf, empfehle ich folgende Übung: Gehen Sie in den Kreis. Der Hund wird Ihnen folgen. Wenn nicht, können Sie mit Spielzeug oder einer freudigen Bewegung ihrerseits dafür sorgen, dass er Ihnen folgt. Reagieren Sie sofort in dem Moment, in dem Ihr Hund die Grenze überschreitet mit dem Hörzeichen »Raus« und angepasster Körpersprache. Mit aufrechtem Körper drängen

Innerhalb des Kreises hat der Hund nichts zu suchen – sein Arbeitsbereich liegt außerhalb.

Das sportliche Mensch-Hund-Team

Sie den Hund wieder hinter die Grenze. Um für Ihren Vierbeiner klar und deutlich zu sein, können Sie auch noch die Arme benutzen, um ihm zu zeigen, wo er hin soll.

Sobald der Hund seinen Arbeitsbereich erreicht hat, wird er geclickt und hinter dem Flatterband belohnt. Auf gar keinen Fall darf der Hund in der Tabuzone belohnt werden, sondern immer nur dort, wo Sie ihn gelobt bzw. geclickt haben. Lassen Sie ihn also auch niemals in den Kreis, um sich die Belohnung abzuholen. Für viele Hunde ist es eine tolle Belohnung, wenn sie einen Ball oder irgendein Spielzeug geworfen bekommen. Auch hier aber wieder unbedingt daran denken, dass Sie die Belohnung nach draußen werfen müssen. Wenn Ihr Vierbeiner sich noch nicht gut und lange auf Sie konzentrieren kann, können Sie die ersten Übungen ebenso an der langen Leine machen. So können Sie dafür sorgen, dass Ihr Hund nicht davonläuft und in Bewegung bleibt. Bereits an der langen Leine können Sie damit beginnen, sich nach und nach immer weiter vom Hund in Richtung Kreismitte zu entfernen. Das Allerwichtigste beim Longieren von Hunden ist die Körpersprache. Achten Sie deshalb bereits von Anfang an darauf, dass Sie den Hund immer im seitlichen Augenwinkel haben und mit der Gegenschulter (die dem Hund abgewandte Seite) gegenhalten. Läuft Ihr Hund also auf Ihrer linken Seite, so heben Sie Ihren rechten Arm, um dem Hund die Bewegungsrichtung anzuzeigen. In dieser Hand halten Sie auch die Leine. Mit Ihrer offenen Schulter sind Sie also immer vor Ihrem Vierbeiner.

Fliegender Richtungswechsel

Sobald Ihr Hund verstanden hat, dass er außerhalb des Kreises laufen soll, können Sie auch gleich den fliegenden Richtungswechsel mit ihm üben. Dies ist sehr wichtig, denn gerade, wenn Ihr Kreis nicht so groß ist, sollten Sie darauf achten, beide Führseiten gleich stark zu trainieren. Nur so wird Ihr Hund harmonisch belastet und baut gleichmäßig Muskulatur auf. In einem kleinen Kreis hat der Hund bedeutend mehr Biegung, deshalb ist es gerade da sehr wichtig, auf Ausgeglichenheit der Bewegungsrichtungen zu achten. Beim Üben des fliegenden Richtungswechsels ist es sinnvoll, den Hund anfangs noch an der langen Leine zu führen. Damit können deutlichere Hilfen gegeben werden. Fliegend bedeutet hier, dass Ihr Vierbeiner den Wechsel im Laufen vollführt. Wenn Sie Ihren Hund auf Ihrer linken Seite geführt haben, so drehen Sie sich nun zu ihm um und übernehmen die Leine in die andere Hand (fast wie ein belgischer Wechsel beim Agility). Ihr Hund befindet sich nun auf Ihrer

Läuft der Hund auf der linken Seite des Menschen, so weist die rechte Hand die Richtung.

Richtungswechsel werden dem Hund durch ausdrucksstarke Körpersprache demonstriert.

rechten Seite, wobei Ihr linker Arm jetzt die Bewegungsrichtung anzeigt und die Leine hält. Meine Hunde lernen hierfür das Hörzeichen »Wende«.

Bereits nach einigen Wiederholungen und immer dann, wenn Sie das Gefühl haben, Ihre Fellnase hat es schon verstanden, können Sie damit beginnen, die Distanz nach und nach zu vergrößern. Vergessen Sie nicht, ganz häufig zu clicken und zu belohnen. Der richtige Augenblick ist genau der, wenn sich Ihr Hund in seinem Arbeitsbereich befindet und sich auf Sie konzentriert. Vergessen Sie nicht, ihm die Belohnung genau dort zu geben, wo Sie ihn geclickert haben (also außerhalb des Kreises). Je nach Gegebenheiten und natürlich auch je nach Folgsamkeit des Hundes, kann das Training genauso ohne Leine gestaltet werden. Gerade dann sollten Sie noch viel mehr clicken und belohnen, um Ihrem Vierbeiner zu zeigen, dass es sich lohnt, auf Sie zu achten und gut mitzuarbeiten.

Gangartwechsel

Im nächsten Schritt lernt Ihr Hund die drei verschiedenen Gangarten Galopp, Trab und die schwierigste, den Schritt. Beginnen Sie mit dem Trab, der den Hunden am leichtesten fällt, weil er ihrem natürlichen Tempo entspricht. Ich gestalte das Training wie bei meinen Pferden und gebe als Hörzeichen ein »Terrab«. Läuft mein Hund im Trab, bekommt er einen Click und sofort danach seine Belohnung. Nach

Das sportliche Mensch-Hund-Team

und nach sage ich es immer häufiger, bevor wieder ein Click und eine Belohnung kommt. Nach einigen Runden Trab in beide Richtungen motiviere ich meinen Hund anzugaloppieren, indem ich meine Stimme sehr aufmunternd einsetze und selbst zu rennen beginne. Bereits bei den ersten Galoppsprüngen bekommt der Hund wieder einen Click und die versprochene Belohnung (natürlich wieder außerhalb des Kreises). Auch für den Galopp lernt der Hund gleich das entsprechende Hörzeichen dazu. Nach einigen Runden Galopp gehe ich nun erneut zum Trab über. Diese Übergänge lassen sich ganz hervorragend üben, wenn jede Gangart nur ein paar Meter weit ausgeführt, sofort belohnt und dann gleich wieder ein Wechsel in die andere Gangart gefordert wird. Nach einigen Minuten Training wird gegen Ende dann auch die Gangart Schritt geübt. Hierfür können Sie – wenn nötig – auch wieder mit der Leine arbeiten. Für die Verständigung zwischen Mensch und Hund ist es hilfreich, viele Übergänge von Trab in Schritt und Schritt in Trab zu trainieren. Ich benutze dafür das Hörzeichen »Scheritt«.

Kreiswechsel

Wenn Ihre Fellnase sich bereits gut auf Distanz führen lässt, können Sie mit Ihrem Hund auch an zwei Kreisen arbeiten und ihn von dem einen zum anderen Kreis schicken und wechseln lassen. Sie sollten dabei aber wirklich die Bewegungsrichtungs- und die Gangartwechsel direkt von der Kreismitte aus dirigieren können. So lange Sie noch nicht von der Mitte aus dirigieren können, ist es zu früh für diese Übung.

In der Übungsphase läuft der Hund an der Schleppleine und der Mensch geht mit ihm den Kreis ab. Später geht der Mensch immer weiter gen Kreismitte.

Kombination mit Hörzeichen aus der Bewegung

Achten Sie beim Longieren stets darauf, dass Ihr Hund nicht nur einfach vor sich herläuft. Sehr triebstarke Hunde neigen dazu, einen Kreis nach dem anderen durchzurasen. Dies ist nicht Sinn und Zweck des Longierens. Wie schon erwähnt, sollten Sie beim Longieren außerdem die Konzentration und Aufmerksamkeit des Hundes schulen. Deshalb ist es empfehlenswert, dem laufenden Vierbeiner auch immer wieder ein spontanes Hörzeichen zu geben. Dies kann ein »Sitz«, »Platz« oder für gehobenere Ansprüche ein »Steh« sein. Sobald der Hund die Position eingenommen hat, wird geclickt und der Hund in dieser Position dann auch belohnt.

Kombination mit Apportieren

Dies ist eine Übung, die Hunden mit ausgeprägtem Spieltrieb sehr viel Spaß macht. Sie können dazu das Spielobjekt entweder dem Hund am

Das sportliche Mensch-Hund-Team

Start bereits in den Fang geben oder es auf die gegenüberliegende Seite (was die meisten Hunde wesentlich spannender finden) legen. Auch das Zuwerfen während des Laufens wäre eine weitere Möglichkeit, allerdings ist es dabei sehr verlockend für den Hund, die Tabuzone zu betreten. Wenn Ihr Vierbeiner das Apportel bzw. das Spielzeug aufgenommen hat, lassen Sie es ihn einige Zeit beim Longieren tragen, bis Sie ihm das Kommando zur Übergabe an Sie (unbedingt ebenfalls außerhalb des Kreises) oder zum Ablegen geben. Gut geeignet sind auch Futterdummies. Nach dem Apportieren darf sich der Hund sein Leckerchen selbst aus dem von Ihnen geöffneten Dummy holen.

Kombination mit Sprüngen

Stellen Sie für diese Art des Trainings außerhalb des Kreises Sprunghürden auf. Zu Beginn stehen die Hürden direkt an der Kreislinie, später können diese auch mit einem gewissen Abstand platziert werden. Achten Sie allerdings darauf, dass der Untergrund für diese Art des Longierens ebenfalls wirklich geeignet ist (weich und federnd). Natürlich können Sie auch spezielle Sprünge wie beispielsweise den Reifen, den Weitsprung oder auch die Mauer verwenden. Bedenken Sie aber, dass diese Art des Longiertrainings wesentlich anstrengender ist als das ohne Sprünge. Überfordern Sie Ihren Hund nicht!

Kombination mit Tricks

Als begeisterte Dogdancerin kam ich natürlich sehr schnell auf die Idee, Longieren auch mit Tricktraining zu verknüpfen. Dies ist wiederum eine prima Übung für die Distanzarbeit, ebenso wird die Signalkontrolle ideal trainiert. Der Hund hat die Tricks auf Distanz und zusätzlich aus der Bewegung zu zeigen. Wieder müssen Sie darauf achten, zum richtigen Zeitpunkt zu clicken und den Hund am richtigen Ort zu belohnen. Übrigens longiert es sich auch ausgezeichnet zu Musik.

Mit mehreren Hunden gleichzeitig longieren

Wenn Sie Hundebesitzer von mehreren Fellnasen sind, können Sie – nachdem Sie das Longieren mit jedem Hund einzeln trainiert haben – relativ schnell auch damit beginnen, mit mehreren Hunden gleichzeitig zu arbeiten. Auch das Training mit mehreren Hundeführern im gleichen Kreis ist möglich und stellt eine gute Ablenkung dar.

Absperrung abbauen

Für Longierprofis oder solche, die es werden wollen, sollte es das Ziel sein, irgendwann ganz ohne Absperrung longieren zu können. Natürlich können Sie die Absperrung nicht mit einem Mal komplett weglassen, vielmehr muss sie nach und nach abgebaut werden. Entfernen Sie dazu zuerst nur das Flatterband von einer Stange zur anderen an zwei bis drei Stellen. Dann beginnen Sie auch die Heringe bzw. die Bodenstangen nach und nach abzubauen. Sobald Ihr Vierbeiner die imaginäre Grenze doch überschreitet, müssen Sie ihn korrigieren. Beim Abbau der Absperrung ist es oftmals hilfreich, ein paar einzelne Stücke des Flatterbandes direkt auf dem Boden liegen zu lassen.

Das sportliche Mensch-Hund-Team

Frisbee mit dem Hund

Frisbee-Sport für Hunde kommt ursprünglich aus den USA.

Voraussetzungen des Hundes:
- Grundgehorsam
- Körperliche Fitness
- Bindung und Vertrauen zum Hundeführer

Für den Vierbeiner wird benötigt:
- Geeigneter Untergrund
- Hunde-Frisbee-Scheiben
- Wasser und Napf
- Spielzeug

- Erste-Hilfe-Set
- Pfotenschuhe
- Handtuch, um den Hund abzutrocknen oder zu kühlen

Für den Menschen wird benötigt:
- Getränke
- Kopfbedeckung bei Hitze
- Regenjacke bei schlechtem Wetter
- Sonnencreme bei Sonne

Das sportliche Mensch-Hund-Team

Mit dem Hund Frisbee zu spielen ist eine tolle Sache, um den Vierbeiner körperlich gut auszulasten. Der Hundefrisbee-Sport kam aus den USA zu uns. Dort wird »Disc-Dogging« bereits seit über 20 Jahren betrieben. Auch in Deutschland entdecken nun immer mehr Hundebesitzer den großen Fun-Faktor für sich und ihre Vierbeiner. Dabei sollte man allerdings nicht vergessen, dass diese Hundesportart ein großes Verletzungsrisiko mit sich bringt, wenn der Hundeführer die Scheibe nicht wirklich gut werfen kann. Aus diesem Grund sollten Sie unbedingt, bevor Sie die Scheiben im Beisein Ihres Hundes durch die Luft rauschen lassen, gut und zielsicher zu werfen lernen. Der Hund muss natürlich auch erst einmal verstehen lernen, wie dieses »Spiel« funktioniert. Schließlich kommt es auf die Zusammenarbeit von Mensch und Hund an.

Los geht´s

Zu Beginn des Trainings können Sie eine Frisbee-Scheibe aus Stoff oder weichem Gummi einsetzen. Wobei sich diese nicht unbedingt eignen, um das richtige Werfen zu erlernen.

Hohe Sprünge sind für junge Hunde tabu.

Bereits bei einem Welpen oder Junghund kann mit dem Aufbautraining begonnen werden. Er soll Interesse an den Scheiben bekommen. Dabei ist allerdings unbedingt darauf zu achten, dass ein so junger Hund noch nicht nach der Frisbee-Scheibe springt.

Sollten Sie einen Hund mit »unkontrollierbarem« Jagdinstinkt und Problemen im Gehorsam haben, sollten Sie aufs Frisbee-Spielen (und ähnliche, den Jagdinstinkt ansprechende Spiele) zunächst verzichten. Bis zur Behebung des Problems bleiben Sie besser bei Kontaktspielen, um die Bindung des Mensch-Hund-Teams zu festigen. Grundsätzlich ist natürlich der Jagdtrieb eine wichtige Voraussetzung für das Hunde-Frisbee. Die ersten Würfe sollten nur in eingezäunten Bereichen geübt werden.

Der Hund muss langsam an die Scheibe gewöhnt werden. Er muss lernen, sie als Beute anzusehen, denn dann wird sein natürlicher Jagdinstinkt geweckt. Daher sollte man anfangs die Frisbee-Scheibe über den Boden rollen lassen oder sogar erst einmal nur Zerrspiele mit ihr veranstalten, um das Interesse des Hundes zu wecken. Das Fangen in der Luft ist für die Hunde zunächst zu schwierig. Dafür werden später Extraübungen gemacht.
Wichtig ist schon zu Beginn, dass Sie mit mindestens zwei Scheiben gleichzeitig spielen. Sie stehen dabei in der Mitte. Wenn der Hund mit der ersten gefangenen Scheibe auf Sie zugelaufen kommt, wird die nächste Scheibe in die Richtung geworfen, in die Ihr Vierbeiner unterwegs ist. So bleibt der Hund in der Bewegungsrichtung und muss nicht ständig enge Wendungen laufen.

Das sportliche Mensch-Hund-Team

Gearbeitet wird bereits zu Beginn mit mindestens zwei Frisbee-Scheiben. Das Werfen ist vor der Arbeit mit dem Hund zu lernen.

Wenn Ihr Hund und Sie begeistert von dieser Hundesportart sind, empfiehlt es sich, ein Seminar bei einem Profi zu besuchen. Hier werden Sie das richtige Werfen erst einmal mit menschlichen Partnern erlernen.

Das »Catchen«, das Fangen der Scheibe in der Luft, muss langsam angegangen werden. Auch bei dieser Sportart darf der Gehorsam nicht fehlen. Ihr Vierbeiner muss seitlich neben Ihnen absitzen und darf erst auf das Hörzeichen hin (z. B. »Catch«) versuchen, die Scheibe zu fangen. Beginnen Sie mit kurzen Würfen, bei denen Sie die Frisbee-Scheibe vor sich von unten nach oben, also fast ohne Vorwärtsbewegung, werfen. Wenn dies gut klappt, steigern Sie die Entfernung. Denken Sie aber daran, dass Sie Ihre Fellnase nicht überfordern. Frisbee ist sehr anstrengend und bedarf einer guten Kondition.

Beim sogenannten »Heber« wird mit kurzen, in die Höhe gerichteten Würfen mit geringer Vorwärtsbewegung begonnen.

Das sportliche Mensch-Hund-Team

Trainingstipps

- Aufwärmen – nur kurze Würfe und niedrige Sprünge.

- Verwenden Sie wirklich nur Scheiben, die für Hunde geeignet sind, sonst besteht hohe Verletzungsgefahr.

- Achten Sie darauf, dass es keine Löcher oder Unebenheiten auf der Spielwiese gibt.

- Achten Sie auf die Umgebung, damit sich weder Hund noch Mensch verletzen können.

- Kurze Trainingseinheiten – anfangs wirklich nur zwei bis drei Minuten.

- Verlangen Sie von Ihrem Hund nie mehr, als er freiwillig zu geben bereit ist.

- Vergessen Sie nicht, ausreichend Wasser für Ihren Vierbeiner mitzunehmen.

- Untersuchen Sie nach dem Spiel die Pfoten auf Verletzungen.

- Scharfkantige Bissstellen an der Scheibe müssen vor dem nächsten Spiel abgeschmirgelt werden. Das anschließende Abwaschen nicht vergessen! Sie können die Frisbee-Scheibe hierfür auch in die Spülmaschine geben.

- Angebrochene und gerissene Scheiben nicht mehr verwenden.

Vor Beginn des Trainings sollte man seinen Hund durch einen Tierarzt untersuchen lassen. Da die Hüftgelenke durch die Sprünge sehr stark beansprucht werden, sollte bei Leistungssportlern eine Röntgenaufnahme der Hüfte gemacht werden.

Folgende Disziplinen gibt es im Frisbee:

1. Mini Distance:
Das Team hat 60 Sekunden Zeit, um so viele Würfe wie möglich zu werfen. Je weiter der Wurf, umso mehr Punkte können erzielt werden.

2. Freestyle:
Die Teams haben 90 Sekunden Zeit, um eine Choreographie zur Musik vorzuführen.

3. Long Distance:
Beim Long Distance treten vier Teams gegeneinander an. Jeder Teilnehmer hat drei Würfe. Eine Runde weiter kommen jeweils die Teams, die am weitesten geworfen haben. Das Team mit der geringsten Wurfweite scheidet aus.

Das sportliche Mensch-Hund-Team

Hund und Pferd

Pferd und Hund müssen sich erst einmal kennen lernen und aneinander gewöhnen.

Voraussetzungen des Hundes:

- Grundgehorsam
- Körperliche Fitness
- Bindung und Vertrauen zum Hundeführer

Für den Vierbeiner wird zum Ausritt benötigt:

- Wasser und Napf
- Schleppleine
- Pfeife
- Erste-Hilfe-Set
- Pfotenschuhe
- Handtuch, um den Hund abzutrocknen oder zu kühlen

Für den Menschen wird zum Ausritt benötigt:

- Reithelm
- Reithandschuhe
- Wasser
- Regenjacke bei schlechtem Wetter
- Sonnencreme bei Sonne

Das sportliche Mensch-Hund-Team

Diese beiden Vierbeiner ergänzen sich in vielem hervorragend. Es gibt wohl kaum etwas Schöneres, als auf dem Rücken eines Pferdes in der Natur unterwegs zu sein. Wenn man dann noch seinen treuen Gefährten dabei haben kann, ist es schon wirklich etwas ganz Besonderes.

Natürlich ist auch hier der Gehorsam des Hundes unbedingt erforderlich, immerhin haben Sie nun zwei Vierbeiner, auf die Sie sich konzentrieren und auf die Sie eingehen müssen. Das Pferd ist ein Fluchttier, was bedeutet, dass Sie immer darauf gefasst sein müssen, dass es erschrickt und losrennt. Wenn Sie dann noch einen Hund haben, auf den Sie sich nicht verlassen können, wird das Unternehmen »Ausritt mit Hund« sehr gefährlich. Ich vermittle meinen Hunden das Hörzeichen »Pferd«, das ähnlich wie »Rad« bedeutet, dass sie neben mir und dem Pferd herlaufen sollen, dabei aber einen Sicherheitsabstand halten müssen und die Schulter des Pferdes nicht überholen dürfen. Wie beim Fahrradfahren wird zuerst einmal im Schritt-Tempo geübt, hierbei werden beide Tiere geführt. Sehr wichtig ist auch hier wieder die zuverlässige Abrufmöglichkeit und das Befolgen des Kommandos »Platz« auf Distanz als sogenanntes »Notfallsignal«.

Ein gehorsamer Hund allein reicht aber nicht aus. Die Tiere müssen sich außerdem aneinander gewöhnen. Ideal ist es, wenn dies schon im jungen Alter erfolgen kann. Auch später ist dies noch möglich, nur kann die Gewöhnung aneinander dann etwas länger dauern. Geben Sie Ihrem Hund Zeit und Möglichkeit, die großen Vierbeiner kennen zu lernen, indem Sie ihn regelmäßig in den Stall mitnehmen. Verlegen Sie Ihr Gehorsamstraining auch einmal in die Stallgasse. Wenn Sie dann einen befreundeten Reiter kennen, dessen Pferd kein Problem mit Hunden hat, bietet Ihnen das natürlich eine ideale Trainingsmöglichkeit. Lassen Sie Ihren Kollegen das Pferd in den verschiedenen Gangarten bewegen, und beschäftigen Sie Ihren Hund nebenbei mit Clickertraining, einem ruhigen Spiel und Gehorsamsübungen. Denken Sie immer daran, dass auch das Pferd nicht mit der Aktion des Hundes überfordert werden darf. Klären Sie deshalb vorher mit dem Besitzer ab, ob das Pferd ein Problem mit dem Clicker oder der Unruhe des Spiels hat, um Unfälle zu vermeiden.

Wird der Hund am Pferd an der Leine geführt, bitte auf die ideale Leinenlänge achten.

Sollte Ihr Hund bellen, hinter dem Pferd herjagen oder gar schnappen, müssen Sie das Ganze viel langsamer und kontrollierter angehen: erst einmal nur an der Leine üben und wirklich auch nur, wenn das Pferd im Schritt geht. Sollte es aber schon ganz gut klappen, dann können Sie zum nächsten Schritt übergehen. Testen Sie aus, was Ihr Hund macht, wenn Sie ihn nicht beschäftigen und Sie mal nicht so konzentriert auf ihn achten. Hierzu sollte dem Hund eine Schleppleine angelegt werden, damit Sie ihn im Notfall noch korrigieren können, ohne dass es zwischen Pferd und Hund zum Eklat kommt. Auch diese Übung sollten Sie mit einer Hilfsperson gestalten. Besondere Vorsicht ist bei Hütehunden geboten. Diese neigen zum sogenannten »Hacken-Schnappen«. Der Border Collie meiner Freundin hat auf schmerzliche Art und Weise hierbei ein paar Zähne verloren. Dabei hat er noch großes Glück gehabt, dass es nicht noch schlimmer für ihn ausgegangen ist.

Wenn es mit dem zweiten Reiter ganz gut klappt, versuchen Sie, ob es auch schon möglich ist, selbst auf dem Pferd zu sitzen und den Hund dabei nebenher zu führen. Auch hier ist eine Hilfsperson wieder sehr sinnvoll. Diese hält den Hund an der Leine, während Sie aufsteigen. Dann lassen Sie sich die Leine in die Hand geben. Versuchen Sie im Schritt mit dem Hund an Ihrer Seite zu reiten. Für diese erste gemeinsame Übung ist die Flexi-Leine gut geeignet. Diese gibt Ihnen einen Spielraum, was die Länge der Leine betrifft. Sollte Ihr Pferd eine gewisse Scheu zeigen, kann die Hilfsperson Ihr Pferd führen. Somit können Sie sich besser auf den Hund konzentrieren.

Auch das Anleinen vom Pferd aus muss mit dem Vierbeiner geübt werden.

Bevor Sie zu den schnelleren Gangarten übergehen, empfehle ich Ihnen mit Ihrem Hund und ebenso natürlich mit dem Pferd, das An- bzw. Ableinen Ihres Hundes zu üben. All diese Übungen sind wesentlich einfacher mit einer Hilfsperson. Diese hält für die ersten Versuche das Pferd, während Sie den Hund an Ihrem Bein nach oben locken. Oftmals kostet dies die Hunde schon eine gewisse Überwindung. Mit einem besonderen Leckerchen in der Hand wird es Ihrer Fellnase deutlich leichter fallen. Damit Sie dann mit dem angeleinten Hund auch gleich losreiten können, rate ich Ihnen, diese Übung auf der Seite zu trainieren, auf der Ihr Hund dann auch mitlaufen soll.

Achtung vor den schnellen Gangarten! Hierfür müssen Sie unbedingt trainieren, dass Ihr Hund nicht vor bzw. unter das Pferd läuft. Deshalb sollte auch dies erst in der Halle oder auf dem Platz mit Helfer trainiert werden. Hierfür kann der Hund an eine Schleppleine genommen werden, die der Helfer in der Hand hält und den Hund daran hindert, zu nahe ans Pferd zu kommen. Möchten Sie Ihren Hund auch ohne Leine neben Ihrem Pferd herlaufen lassen, empfiehlt sich die Konditionierung auf die Pfeife. Vergessen Sie nicht, dass auch das Pferd erst lernen muss, keine Angst vor dem schrillen Pfeifton zu haben. Erst, wenn beide Vierbeiner wirklich sicher im Umgang miteinander sind, ist es Zeit für den ersten gemeinsamen Ausritt im Schritt.

Schlusswort

Sicherlich haben Sie selbst schon gemerkt, dass es viele schöne Dinge gibt, die wir mit unseren Vierbeinern gemeinsam unternehmen können. Mit diesem Buch haben Sie nun noch viele weitere Ideen und hoffentlich ganz viel Spaß an deren Umsetzung. Vergessen Sie dabei nie das Wichtigste: Zwei- und Vierbeiner sollen Freude und Vergnügen miteinander haben. Wenn etwas mal nicht gleich so gelingt, wie Sie es sich vorgestellt haben, seien Sie nicht frustriert, sondern machen Sie es Ihrer Fellnase etwas leichter. Oftmals sind wir für unsere Hunde nur nicht verständlich genug! Arbeiten Sie in kleinen Schritten und vergessen Sie nicht: Der Weg ist das Ziel!

Ich wünsche Ihnen viel Spaß beim Lesen und noch viel mehr bei der Umsetzung mit Ihrem vierbeinigen Freund.

Tipps zum Weiterlesen

Ann-Sophie Griebel
Clickertraining
Müller Rüschlikon, Stuttgart, 2009

Micaela Köppel
Dogdance: Der kreative Hundesport
Müller Rüschlikon, Stuttgart, 2008

Petra Krivy/Martin Schlockermann
Turnierhundsport
Müller Rüschlikon, Stuttgart, 2009

Dr. Gabriele Niepel
So wird mein Hund zum Freund
Müller Rüschlikon, Stuttgart, 2005

Dr. Gabriele Niepel
Hunde beschäftigen im Alltag – DVD
Dogtale-Movies
Müller Rüschlikon, Stuttgart, 2008

Adresse der Autorin

Hundeschule »Mc Wolfi«
Rock´n Dog – Dogdance Studio
Micaela Köppel
Pfarrhalde 10
86441 Zusmarshausen
Tel.: 08291-859888
E-Mail: Info@Dogdance.eu
www.mcwolfi.de
www.dogdance.eu